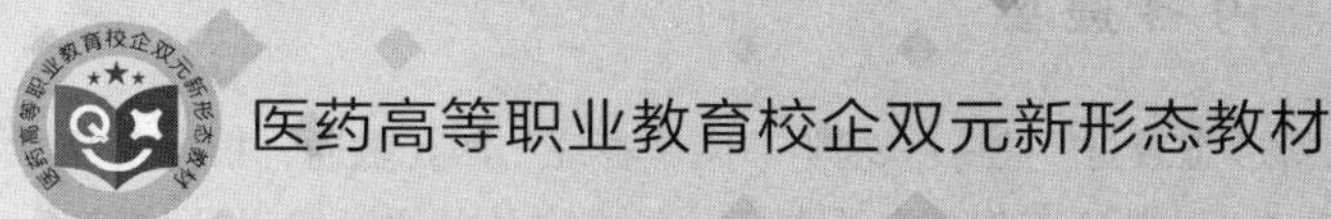

医药高等职业教育校企双元新形态教材

食品微生物检验技术实训手册

（供食品检验检测技术专业用）

主　编　欧阳惠君　蔡天舒

副主编　陈嘉聪　李玮玮

编　者（以姓氏笔画为序）

吕　芳（北京市水产技术推广站）

李玮玮（惠州卫生职业技术学院）

陈彩贞（惠州卫生职业技术学院）

陈嘉聪（惠州市食品药品检验所）

欧阳惠君（惠州卫生职业技术学院）

靖吉芳（惠州卫生职业技术学院）

蔡天舒（惠州卫生职业技术学院）

中国健康传媒集团

中国医药科技出版社

内容提要

本教材是“医药高等职业教育校企双元新形态教材”之一，基于“岗课赛证”四元融通，根据食品微生物检验技术教学大纲的基本要求和课程特点，以典型工作任务为抓手，校企合作共同开发设计与编写，涵盖微生物检验基本操作技术、食品安全细菌学检验技术、食品中常见致病菌检验技术3个项目，14个典型实训任务。

本教材可供高等职业院校食品检验检测技术专业师生作为教材使用，也可供从事食品微生物检验工作的相关人员参考。

图书在版编目（CIP）数据

食品微生物检验技术实训手册 / 欧阳惠君，蔡天舒主编. —北京：中国医药科技出版社，2023.8

医药高等职业教育校企双元新形态教材

ISBN 978-7-5214-3747-8

Ⅰ.①食… Ⅱ.①欧… ②蔡… Ⅲ.①食品微生物–食品检验–高等职业教育–教材 Ⅳ.①TS207.4

中国国家版本馆CIP数据核字（2023）第136460号

美术编辑 陈君杞

版式设计 南博文化

出版 **中国健康传媒集团** | 中国医药科技出版社

地址 北京市海淀区文慧园北路甲22号

邮编 100082

电话 发行：010-62227427 邮购：010-62236938

网址 www.cmstp.com

规格 787 × 1092mm 1/16

印张 5 1/4

字数 101千字

版次 2023年8月第1版

印次 2023年8月第1次印刷

印刷 北京市密东印刷有限公司

经销 全国各地新华书店

书号 ISBN 978-7-5214-3747-8

定价 37.00元

数字化教材编委会

主　编　欧阳惠君　蔡天舒

副主编　陈嘉聪　李玮玮

编　者（以姓氏笔画为序）

吕　芳（北京市水产技术推广站）

李玮玮（惠州卫生职业技术学院）

陈彩贞（惠州卫生职业技术学院）

陈嘉聪（惠州市食品药品检验所）

欧阳惠君（惠州卫生职业技术学院）

靖吉芳（惠州卫生职业技术学院）

蔡天舒（惠州卫生职业技术学院）

前　言

食品安全关系人民群众身体健康和生命安全。食品微生物检验技术是食品类专业的一门专业核心课程，掌握食品微生物检验技术是从事食品检验岗位工作者的核心技能和必备素质，是提高食品质量安全的技术保证。

党的二十大报告指出，要办好人民满意的教育，全面贯彻党的教育方针，落实立德树人根本任务，培养德智体美劳全面发展的社会主义建设者和接班人。教材是教学的载体，高质量教材在传播知识和技能的同时，对于践行社会主义核心价值观，深化爱国主义、集体主义、社会主义教育，着力培养担当民族复兴大任的时代新人发挥巨大作用。《食品微生物检验技术实训手册》旨在基于"岗课赛证"四元融通的背景，以典型工作任务为抓手，校企协作共同开发设计编写以项目式为载体的食品微生物检验技术教材。

本教材按照"项目—任务—能力"式逻辑设计体例，共涵盖微生物检验基本操作技术、食品安全细菌学检验技术、食品中常见致病菌检验技术3个项目，14个典型实训任务。本教材通过食品微生物检验工作岗位典型工作项目、任务，将知识与技能进行结合；通过融合"1+X"技能等级证书考核内容中微生物检测相关考核内容，构建"岗课赛证"融通；通过校企双元合作开发，实现教材对于教学过程中学生的职业能力培养与素质养成。

本教材编写团队由学校教师、企业专家共同组成，基于典型岗位任务进行实训项目的设计与编写，更贴近和适合实际工作。本教材针对部分重点操作拍摄了微课，学生扫码二维码即可学习，巩固学生对知识点的理解。

本教材可供高等职业院校食品检验检测技术专业师生作为教材使用，也可供从事食品微生物检验工作的相关人员参考。

本教材在编写的过程中参考了大量同行的出版物，并得到了惠州卫生职业技术学院、惠州市食品药品检验所、惠州市质量计量监督检测所等单位领导的关怀与指导。在此，一并表示衷心的感谢。

由于编者水平有限，书中难免有不足之处，敬请广大读者、专家和同行批评指正。

编　者

2023年7月

目录

项目一 微生物检验基本操作技术

学习目标

通过本项目的学习，学生能够：

1. 把握显微镜的工作原理；革兰染色的原理；微生物培养基的类型、配制原则及方法；高压蒸汽灭菌的原理及其安全使用的注意事项；微生物分离纯化的原理。

2. 正确使用普通光学显微镜；能够熟练进行细菌的革兰染色，得到正确的染色结果；掌握配制培养基的一般方法和操作方法；熟练掌握高压蒸汽灭菌锅的具体操作步骤与方法；熟练掌握细菌接种与分离操作。

3. 具有实验室生物安全意识、质量意识、环保意识，培养信息素养、科学探索精神、工匠精神；树立正确的劳动观和职业道德素养。

任务一 普通光学显微镜

显微镜技术是微生物检验技术常用的技术之一，其可极大提升微生物的分辨率和放大率，是研究微生物必不可少的工具之一。显微镜可分为电子显微镜和光学显微镜两大类。

随着现代科技的进步，显微镜也有了不断的发展与改进。根据作用和适用领域不同，现代显微镜可分为很多种类，包括普通光学显微镜、暗视野显微镜、相差显微镜、荧光显微镜、电子显微镜等。其中，普通光学显微镜常用于观察细菌、放线菌及真菌等相对较大的微生物，是从事食品微生物检验工作中最常使用的类型。

此外，不同种类的显微镜的作用原理和适用领域也不尽相同。例如：暗视野显微镜的原理是利用丁达尔效应，即整个视野黑暗，菌体细胞明亮，仅能看到菌体轮廓而无法看清菌体结构；主要用于观察细菌、螺旋体和大型病毒的形态和细菌的运动。相差显微镜可用于观察未经染色的标本和活细胞，能够观察到活细胞一些内部结构，如细胞核。荧光显微镜可利用紫外线作为光源，观察带有荧光物质的微小物体或经过荧光染料染色后的微小物体。此外，电子显微镜可实现在干燥真空状态下检查，不能观察活的微生物，放大倍数高，可将观察对象放大百万倍。

本任务主要介绍普通光学显微镜的构造与使用。

一、普通光学显微镜的构造

普通光学显微镜的构造可分为机械系统和光学系统两大部分。具体结构如图1-1所示。

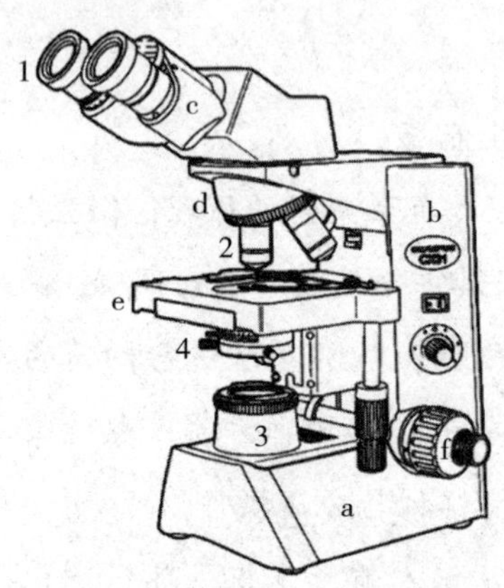

图1-1　显微镜基本结构

1.目镜；2.物镜；3.光源装置；4.聚光器组件；

a.镜座；b.镜臂；c.镜筒；d.物镜转换器；e.载物台；f.调焦装置

1.机械系统

（1）镜座　也称镜台，是显微镜的底座，用以支持整个镜体。

（2）镜臂　连接镜座和镜筒之间的部分，是移动显微镜的握持部分。

（3）镜筒　连接在镜臂的前上方，镜筒上端装有目镜，下端装有物镜转换器。

（4）物镜转换器（物镜旋转盘）　位于镜筒下端，是一个可以旋转的圆盘，盘上有3~4个圆孔，是安装物镜的部位，物镜转换器可以调换不同倍数的物镜。

（5）载物台　在镜筒下方，形状有方、圆两种类型，用于放置玻片标本，中央有一通光孔可透过光线，台上有用来固定标本的夹子和推动器。

（6）推动器　用以移动标本的观察位置，实现玻片标本前后、左右的移动。

（7）调焦旋钮　包括粗准焦螺旋和细准焦螺旋，是调节载物台或镜筒上下移动的装置。

1）粗准焦螺旋：大螺旋称粗准焦螺旋，移动时可使载物台做快速和较大幅度的升降，所以能迅速调节物镜和标本之间的距离，使物像呈现于视野中。

2）细准焦螺旋：小螺旋称细准焦螺旋，移动时可使载物台缓慢地升降。

（8）聚光器升降旋钮　装在载物台下方，可使聚光器升降。

2. 光学系统

（1）光源　现在显微镜大多使用电光源，老式显微镜用反光镜采集光线。

（2）聚光器　位于光源上方，由一组透镜组成，其作用是将反射来的光线聚为强光束照射于载玻片标本上。聚光器可根据光线的需要，上下调整。一般使用低倍镜时降低聚光器，使用油镜时聚光器应升至最高处。

（3）光圈　位于聚光器下方，开大或缩小光圈，用以调节射入聚光器光线的多少。

（4）物镜　安装在物镜转换器上，因接近被观察的物体，故称为物镜。一般有3~4个物镜，分为低倍镜（4×，10×）、高倍镜（40×）和油镜（100×）。镜头侧面除刻有放大倍数外，还常加一圈不同颜色的线，使用时以示区别。

（5）目镜　安装在镜筒上方，由两块透镜组成，它只能将物镜所造成的实像，进一步放大形成虚像映入眼内，不能够增大分辨率。每台显微镜上带有多种放大倍数的目镜（5×，10×等），可供选择使用，一般显微镜的标准目镜是10×。

二、普通光学显微镜的原理

1. 显微镜成像的原理　现代普通光学显微镜是利用目镜和物镜两组透镜系统来放大成像。标本经物镜放大后，在目镜的焦平面上形成一个倒立实像，再经目镜进一步放大形成一个虚像，被人眼所观察到。

2. 油镜观察的原理　油镜的透镜很小，光线通过玻片与油镜头之间的空气时，因介质密度不同，发生折射或全反射，使射入透镜的光线减少，结果视野暗淡，物像不清。通过在载玻片与油镜之间滴加和使用折光率与玻片（n=1.52）相近似的香柏油（n=1.515），可使折射减少，增加视野光亮度，提高分辨率，获得清晰的物像（图1-2）。

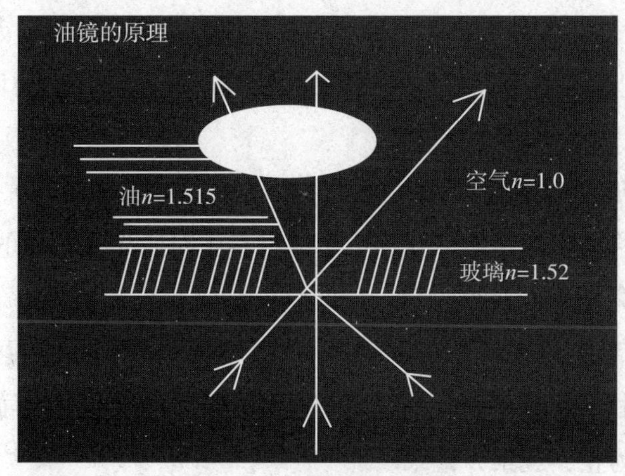

图1-2　油镜观察的原理

三、普通光学显微镜的使用

微课1

1.取出显微镜

（1）从镜箱内取出显微镜，右手握镜臂，左手托镜座，平稳拿出，平端在胸前，轻拿轻放（图1-3）。

图1-3 显微镜的正确拿取方法

（2）显微镜放在身体左前方，距离桌子边缘10cm。

2.低倍镜观察（黄色，10×镜头）

（1）采用低倍镜观察标本，视野大，检测目标容易发现和定位。

（2）低倍镜对光。根据显微镜型号不同，升高镜筒或下降载物台，旋转物镜转换器，把10倍物镜对准载物台通光圆孔。自然采光或打开电源开关、光圈。从目镜中观察，同时转动反光镜（灯光用凹面，日光用平面）使之朝光源，或转动光亮度调节旋钮，直至整个视野亮度适当。

（3）将待观察的玻片标本放置在载物台上（玻片有样本面朝上），用压片夹或玻片夹持器夹好。用推动器移动玻片，使玻片标本中的材料正对通光孔中央的位置。

（4）调焦。从显微镜侧面观察物镜，同时慢慢转动粗准焦螺旋，下降镜筒或上升载物台，使物镜下端位于离玻片标本约0.5cm处。从目镜中观察，同时慢慢转动粗准焦螺旋，使物镜徐徐上升或载物台徐徐下降，直至看到被观察标本的物象。再旋动细准焦螺旋加以调节直至物象最清晰为止，观察并记录。

3.高倍镜观察（蓝色，40×镜头） 在低倍镜下找到合适的观察目标并将其移到视野正中心后，轻轻转动物镜转换器将高倍镜转至工作位置。对聚光器光圈及光亮度调节旋钮进行适当调整，使视野保持明亮。从目镜观察，同时微调细准焦螺旋，使物像清晰，观察并记录。

4.油镜观察（白色，oil，100×1.25镜头） 有以下两种方法。

（1）保持载物台不动　旋转物镜转换器成“八”字形，调亮光源，光圈打开，聚光器上调（增加光透过率），向玻片中通光孔位置滴加一滴香柏油。旋转物镜转换器，使油镜头（白色镜头）浸在香柏油中，再微调细准焦螺旋即可观察到清晰的物像。观察并记录。

（2）直接观察　固定标本，下降载物台，调亮光源，打开光圈，上调聚光器。在玻片样本上正对通光孔的位置滴加一滴香柏油，转换物镜转换器将油镜对准通光孔。从侧面观察并缓慢转动粗准焦螺旋，使镜头下移（或载物台上升），直至镜头浸在油滴内接近玻片（油镜头有弹性）。从目镜中观察，同时，缓慢调节细准焦螺旋，直到物像清晰。此处务必缓慢进行，防止压坏玻片标本。观察并记录。

5.显微镜还原

（1）把观察镜头转离工作位置，下降载物台，取出被观察玻片。

（2）依次关闭光路系统：下调聚光器，关闭光圈，调节反光镜至垂直状态，将光亮度调至最低，关闭电源。

（3）清洁油镜。用二甲苯（乙醇乙醚）擦拭镜头，最后用干净的擦净纸将多余的二甲苯（乙醇乙醚）擦去，防止镜油对镜头的腐蚀或影响透光率。

1）观察结束后，用干净的擦镜纸轻轻拭去镜头上的油渍。

2）用擦镜纸蘸少许二甲苯（或乙醇：乙醚=7：3的混合液）后，再清洁油镜头。

3）用干净的擦镜纸清洁油镜头。

（4）用擦镜纸清洁其他物镜及目镜；用柔软的绸布擦拭显微镜机械部分的灰尘。

（5）转动物镜转换器把物镜转为“八”字形（以载物台通光孔为中心，任意两相邻目镜成“八”字形摆开）。

（6）盖好显微镜的保护套，并将其放回指定镜箱内。

（7）做好显微镜使用记录。

6.注意事项

（1）移动显微镜时切忌用单手拎提显微镜，防止目镜脱落。

（2）观察时，镜检者应姿势端正，两眼同时睁开观察。

（3）载物台要保持清洁，不得将油或水留在台上。除油镜外其他物镜尽量不接触香柏油。

（4）观察标本时，缓慢调节粗准焦螺旋，发现标本后，再调节细准焦螺旋，直至标本清晰。严格禁止直接利用细准焦螺旋寻找标本。原则上，细准焦螺旋的旋转在正反方向上不应超过3周，以免损坏细准焦螺旋。

（5）注意油镜头的保护，浸入香柏油中时，切忌将镜头顶在载玻片上，以免划伤镜头。观察结束后，用擦镜纸轻轻拭去镜头上的油渍，然后用二甲苯（乙醇乙醚）擦拭镜头，最后用干净的擦镜纸将多余的二甲苯（乙醇乙醚）擦去，防止镜油对镜头的腐蚀或影响透光率。

（6）在不观察标本时，应及时关闭自带光源显微镜电源开关，既能延长灯泡的使用寿命，同时也可节约用电。

（7）镜检时要细心调焦。

（8）上升载物台时应注意不要压碎标本片。

（9）保持所有物镜的清洁，只能用擦镜纸擦拭镜头，不得用手接触透镜。

（10）实验结束后，取下标本片，将镜头、载物台等各部位擦拭干净并复原，然后盖上防尘罩。

（11）显微镜应放在干燥阴凉地方，不要放在强烈日光下暴晒，并在显微镜箱内放置干燥剂（一般为硅胶）。

（12）显微镜严禁与挥发性药品或腐蚀性药品放在一起。

任务二　革兰染色技术

微课2

一、细菌革兰染色法

细菌的细胞小而透明，在普通光学显微镜下不易识别，必须对它们进行染色。通过对微生物染色可使染色后的菌体与背景形成明显的反差，从而使图像更加清晰，此外，染色还可鉴别微生物的类型和区分死、活细菌等。

染色技术是观察微生物形态和结构的重要手段。其中，最常使用的染色方法为革兰染色法，该方法是细菌细胞的复合染色法，即用两种或两种以上的染料进行先后染色，观察细菌的形态特征、不同种类细菌或同一细菌不同结构。革兰染色方法由丹麦医生Hans Christian Gram于1884年创立。通过革兰染色法，不仅能观察到细菌的形态，还可以将细菌区分为两大类：染色反应呈紫色的称为革兰阳性菌，用G^+表示；染色反应呈红色的称为革兰阴性菌，用G^-表示。

二、细菌革兰染色法的原理

革兰染色结果的不同，主要是由于G^+和G^-细菌的细胞壁成分和构造不同，主要有以下几种学说。

1. 等电点学说　G^+菌的等电点（pI 2~3）比G^-菌的等电点（pI 4~5）低。在同一pH条件下，G^+菌比G^-菌所带的负电荷要多，容易与带正电荷的结晶紫结合且不易脱色。

2. 化学学说　G^+菌的细胞内含有核糖核酸镁盐，能和结晶紫–碘液复合物相互结合，使已着色的细菌不易脱色。

3. 细胞壁结构学说（渗透学说）

（1）G^+菌　细胞壁结构致密，壁厚，肽聚糖含量高，脂类含量低，交联度大，细胞壁的通透性低，乙醇脱色时，肽聚糖脱水孔径缩小，乙醇不容易渗入，反而使细胞壁脱水而使其通透性进一步降低，阻碍结晶紫与碘液的复合物渗出，使菌体呈紫色。

（2）G^-菌　细胞壁结构疏松，肽聚糖层薄，脂质多，交联松散。脱色时，乙醇较易通过G^-菌的细胞膜，外层脂质易被乙醇溶解，细胞壁的通透性增加，结晶紫–碘复合物容易溶解洗出，使菌体细胞呈无色，再经复红复染后，菌体呈红色（表1–1）。

表1–1　细菌革兰染色法的原理

原理学说	G^+菌	G^-菌
等电点学说	等电点低，带负电荷多，结合的结晶紫多	等电点高，带负电荷少，结合的结晶紫少
化学学说（核糖核酸镁盐）	多，与结晶紫结合牢固	少，与结晶紫结合不牢固
细胞壁结构（通透性）	通透性低，脱色剂不容易进入胞内，不将其脱色	通透性高，脱色剂容易进入胞内，将其脱色

三、细菌革兰染色的操作

1. 材料与仪器

（1）菌种　大肠埃希菌纯培养物、表皮葡萄球菌纯培养物。

（2）仪器　普通光学显微镜。

（3）染色液　①初染剂：结晶紫。②媒染剂：碘液。③脱色剂：95%乙醇。④复染剂：苯酚复红（图1–4）。

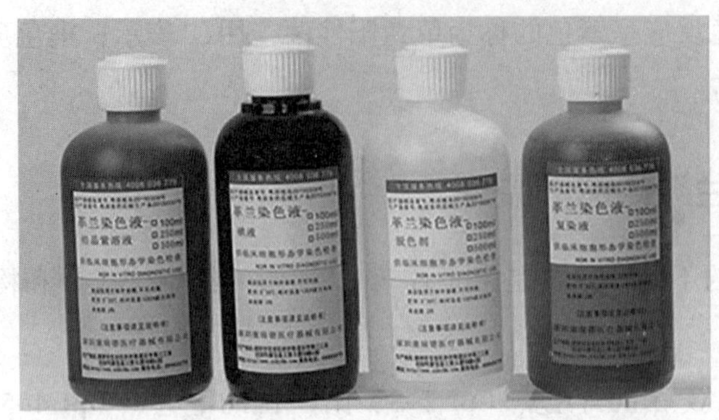

图1–4 革兰染色液

（4）其他材料 接种环、镊子、酒精灯、载玻片、标记笔、蒸馏水、生理盐水、擦镜纸、吸水纸、香柏油等。

2.操作步骤

（1）制片

1）准备载玻片：载玻片应洁净、无油渍、清洗后晾干备用。使用时，应先做标记。

2）涂片：对于液体样品，用接种环以无菌操作从试管中蘸取菌液，均匀涂布于洁净无脂的载玻片中央；对于固体样品（如细菌固体纯培养物等），先用接种环蘸取一环无菌生理盐水，点于载玻片中央，再将接种环以无菌操作取少许细菌培养物与载玻片上的生理盐水混合均匀，涂成一薄层状。以上的涂片区域均要求：薄而均匀、直径约1cm的菌膜。

3）干燥：放在室温空气中自然干燥；或将玻片置于火焰上部略加干燥，切记火烤或温度过高。

4）固定：将细菌涂片面向上，以中等“钟摆”速度，用切割火焰的方式通过酒精灯火焰3次，并马上试温。温度以热而不烫为宜，防止菌体烧焦、变形。固定的目的是杀灭细菌并使细菌黏附在载玻片上，便于染料着色。

制片步骤如图1–5所示。

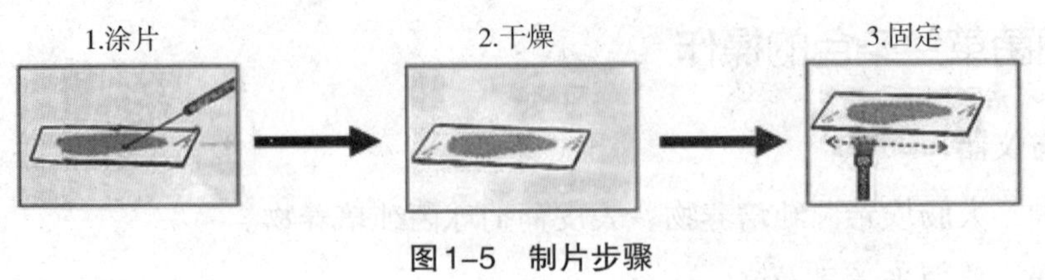

图1–5 制片步骤

（2）染色

1）初染：制片上滴加结晶紫染液1~2滴覆盖菌膜，染色1分钟后水洗。

2）媒染：滴加碘液1~2滴，作用1分钟后水洗。

3）脱色：滴加95%乙醇脱色，摇动载玻片至紫色不再脱退为止。一般为20~30秒，至流出液为无色，然后立即水洗。

4）复染：滴加苯酚复红染液，复染1~2分钟后水洗。

染色步骤及操作如图1-6、图1-7所示。

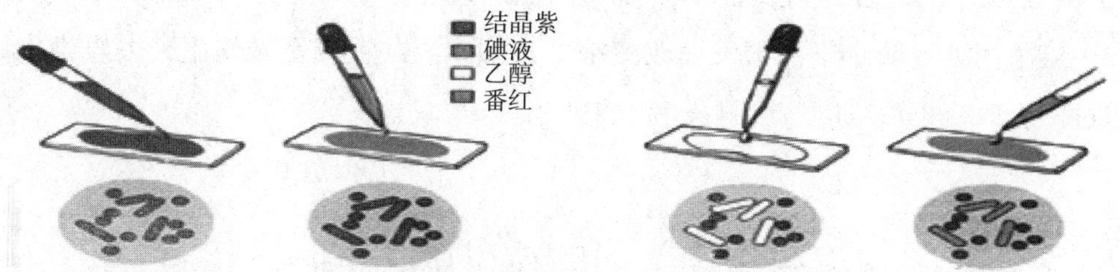

图1-6　染色步骤

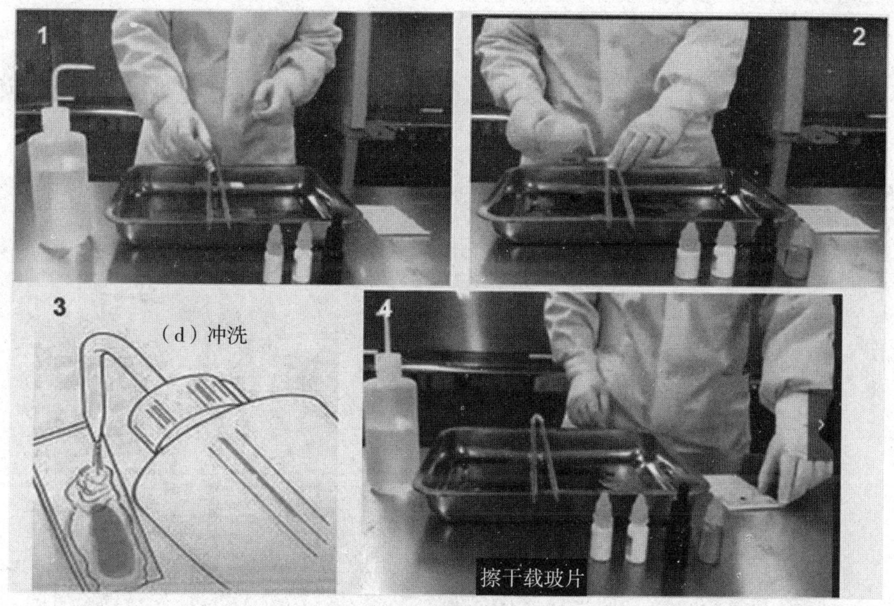

图1-7　染色操作

（3）镜检

1）干燥：晾干或吸水纸吸干。

2）镜检：待玻片干燥后置于显微镜下，用显微镜镜检观察。

3.影响因素与注意事项

（1）细菌因素　选择对数生长期（18~24小时）的培养物进行染色，效果较好。

（2）操作因素

1）涂片厚薄要均匀，不宜过厚，以免造成假阳性；滴加生理盐水和取菌不宜过多；涂布直径约1cm的菌膜。

2）固定时温度不能过高，因固定时菌体过分受热可能会导致菌体原有形态被破坏。

3）脱色时间是本操作的关键步骤，过长或过短均造成染色结果改变。

4）水洗时，不要直接对着菌膜冲，而应使水从载玻片一端流下。水流不宜过急、过大。

（3）染液因素　防止染液蒸发而改变浓度，如碘液久置或受光作用失去媒染作用；涂片积水过多会改变染液浓度，影响染液效果。

任务三　培养基的配制

培养基是指人工配制的、适合于微生物生长繁殖或积累代谢产物所需的各种营养物质的混合基质，其主要成分必须包括微生物生长所需的六大营养要素，即水分、碳源、氮源、能源、无机盐和生长因子，且其间的比例是适合的。培养基主要用于样品中微生物的分离、培养。

由于微生物的营养类型复杂，各种微生物所需要的营养物质不同，所以培养基的种类也很多，根据其成分、物理状态和用途可将培养基分为多种类型（图1–8）。

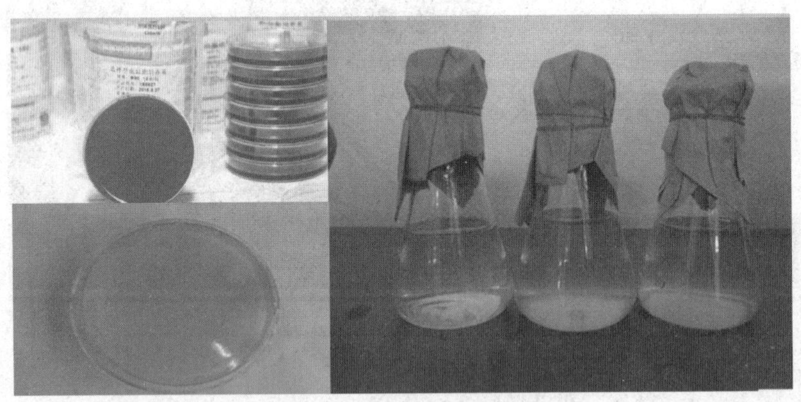

图1–8　常见的培养基类型

一、培养基的主要成分及作用

培养基常见的主要成分有蛋白胨、肉浸液、牛肉膏、琼脂、酸碱指示剂等。各成分的主要作用如图1–9所示。

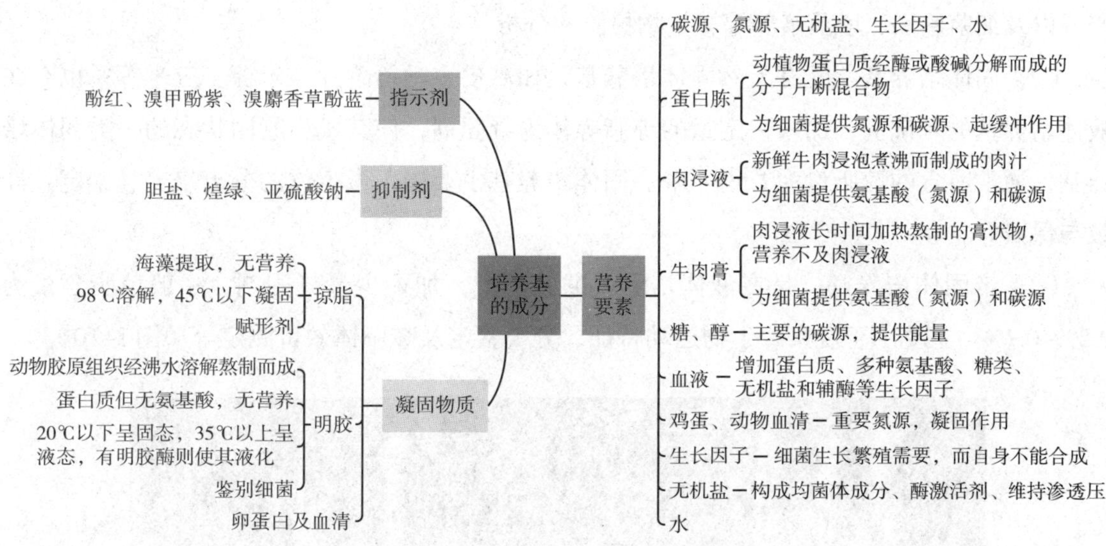

图1-9　培养基的主要成分及作用

二、培养基的分类

1.根据营养成分的来源分类

（1）天然培养基　含有化学成分尚不清楚或化学成分不恒定的天然物质，包括各种动、植物、微生物体或其提取物等天然成分，如牛肉膏、麦芽汁、马铃薯、玉米粉、麸皮、花生饼粉等。其优点是营养丰富、取材经济简便、广泛。但存在成分不稳定、不清楚，重复性较差的问题。主要适用于实验室粗放型试验或工业中制作种子和发酵培养基。实验室常用的麦芽汁培养基和牛肉膏蛋白胨培养基均属于此类培养基。

（2）合成培养基　由化学成分完全了解的物质配制而成的培养基。高氏1号培养基就属于此类型。合成培养基成分精确、固定、重复性较强。但配制复杂、成本较高，且微生物在其中生长速度缓慢，所以，一般不适用于大规模生产，主要用于微生物营养、代谢、分类鉴定和菌种选育等精细研究。

（3）半合成培养基　既含有天然成分又含有纯化学试剂的培养基，通常是以天然有机物作为碳源、氮源等主要营养源；用化学试剂补充无机盐配制而成的培养基。此类型培养基用途广泛，微生物在其中生长良好。适用于生产实践和实验室使用。是最经常使用的一类培养基，如马铃薯葡萄糖琼脂培养基。

2.根据物理状态分类

（1）液体培养基　不含凝固物质，呈液态，进行微生物培养时，通过振荡或搅拌可增加培养基的通气量，同时使营养物质分布均匀，利于生长增殖。通常用于大规模工业生产，以及细菌鉴别、增菌培养等微生物检验和分析。

（2）固体培养基　既有天然固体培养基，如麸皮、马铃薯片、米糠、玉米等；也有在液体培养基的基础上，加入一定量的琼脂等作为凝固剂，使其成为凝固状态的一类固体培养基，通常所含的琼脂量为1.5%~2%。固体培养基主要用于微生物的分离培养、鉴定、计数与保藏等。

（3）半固体培养基　是在液体培养基的基础上，加入少量凝固剂，一般琼脂含量为0.2%~0.7%。主要用于观察微生物运动特征、分类鉴定及噬菌体效价测定等（图1-10）。

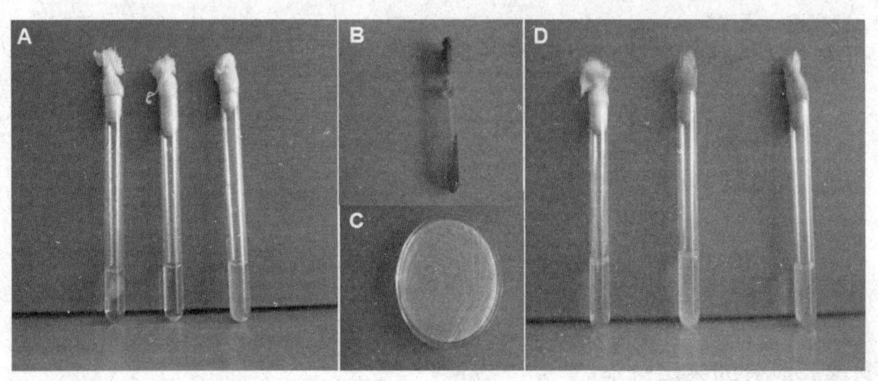

图1-10　不同物理状态的培养基（A液体培养基；BC固体培养基；D半固体培养基）

3. 根据用途分类

（1）基础培养基　能满足一般细菌生长繁殖的营养需要，可供大多数细菌生长的培养基。如肉汤（包括肉浸液、蛋白胨、氯化钠、磷酸盐等）、蛋白胨水等。如在肉汤内加入适当琼脂，可将液体培养基制成半固体或固体培养基。牛肉膏蛋白胨培养基是最常用的基础培养基（图1-11）。

（2）营养培养基　在基础培养基中加入葡萄糖、血液、血清、酵母浸膏等，可供营养要求较高的细菌生长，如血平板或血清肉汤等（图1-12）。

图1-11　基础培养基（普通琼脂平板）

图1-12　营养培养基（血液琼脂平板）

（3）增菌培养基

1）非选择性增菌培养基：适合于绝大多数微生物的生长繁殖，如营养肉汤培养基。

2）加富培养基：根据微生物的生长要求，加入利于该种微生物繁殖而不适合其他微生物生长的营养物质配制的培养基，如用于沙门菌增菌培养的四硫磺酸钠煌绿（TTB）和亚硒酸盐胱氨酸（SC）培养基。此类培养基的增菌效果强，常用于难分离且数量少的微生物样品的初步培养，以提高分离效率。

（4）选择培养基　根据某种微生物特殊的营养要求或其对化学、物理因素的抗性而设计的培养基，其功能是从混合菌样本中选取优势菌，从而提高该菌的筛选效率。

1）利用待分离的微生物对某种营养物的特殊需求而设计，如缺乏氮源的选择培养基可用来分离固氮微生物。

2）利用待分离的微生物对某些物理和化学因素具有抗性而设计，如常用的抑菌或杀菌剂多为染色剂、抗生素等，或者通过调节温度、pH、氧化还原电位、渗透压等以分离不同微生物。

（5）鉴别培养基　培养基中加有能与某一种菌的代谢产物发生显色反应的指示剂，从而达到通过肉眼辨别颜色，就能方便地从近似菌落中找出目的菌落的培养基。如伊红亚甲蓝乳糖培养基（图1–13）。

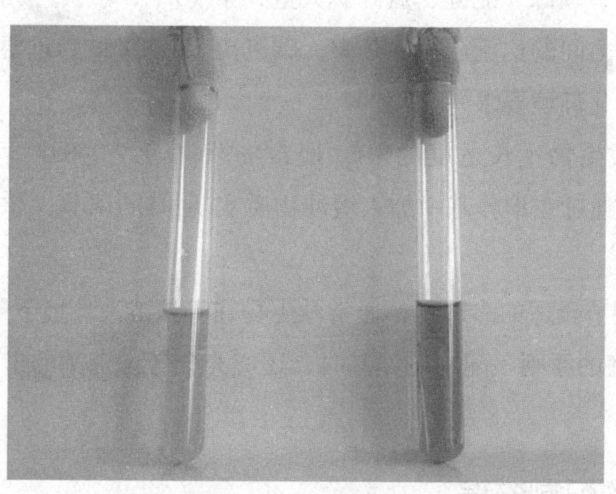

图1–13　鉴别培养基

（6）厌氧培养基　营养丰富，含有特殊生长因子，氧化还原电势低，并加入亚甲蓝作为氧化还原指示剂。其中，心、脑浸液和肝块、肉渣含有不饱和脂肪酸，能吸收培养基中的氧；硫乙醇酸盐和半胱氨酸是较强的还原剂；维生素 K_1、氯化血红素可以促进某些类杆菌的生长。常用的有庖肉培养基、硫乙醇酸盐肉汤等，并在培养基表面加入凡士林或液体石蜡以隔绝空气。

根据培养基用途分类的6种培养基总结见表1-2。

表1-2　培养基按用途分类

类别	组成	用途
基础培养基	牛肉膏0.5%、蛋白胨1%、NaCl 0.5%（普平）	培养需要低的细菌
营养培养基	基础培养基中加入特殊营养物质（血平）	培养需要高的细菌
鉴别培养基	有鉴别物、指示剂	用于鉴别细菌
选择培养基	抑制剂、指示剂（SS平板）	使混杂标本中所需的细菌生长
增菌培养基	生长因子、微量元素、抑制剂（GN、TT、ST）	增菌培养
厌氧培养基	肉渣、凡士林、还原剂、氧化剂（疱肉培养基）	培养厌氧性细菌

三、培养基的配制原则

1.符合工作目标要求　明确是要培养何种微生物以及培养的目的等，即明确是需要进行特定微生物菌种的鉴别实验，还是进行微生物菌种的生物学特性研究，获得大量微生物或者进行发酵、积累目标代谢产物等。

2.符合微生物营养特点　根据微生物的细胞化学组成而定。对于大多数化能异养菌而言，其培养基需要水、碳源、能源、氮源、大量元素（P、S等）、微量元素（K、Mg）、生长因子等各营养要素之间的比例合适。其中，碳氮比（C/N）最为重要。

3.符合菌种对理化环境要求

（1）pH　选择微生物生长适度的pH，通常细菌pH为7.0~8.0，酵母菌pH为3.8~6.0，霉菌pH为4.0~5.8；通过在培养基中加入缓冲物质实现pH的调节，如添加磷酸盐缓冲液和碳酸钙等。

（2）渗透压　调节合适的渗透压，通常微生物在等渗溶液环境下最适合生长。

4. 符合物美价廉的原则　配制培养基时，还应充分考虑资源的丰富程度、运输便利度以及无毒特性等。

四、培养基的配制流程

1. 计算和称量　按照配方准确计算并称量各种原料成分。通常培养基配制过程中所使用的化学药品均为化学纯。在容器中加入所需用水量的一半，然后将各种成分原料加入水中，用玻璃棒搅拌使之溶解（图1-14、图1-15）。

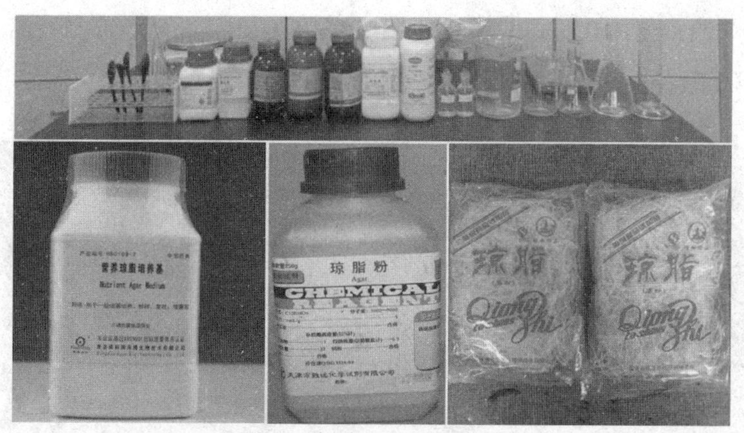

图1-14　培养基配制的用品用具

图1-15　称量

2. 溶解　以加热的方式不断搅拌直至所有成分全部溶解。溶解过程中应不断搅拌，以防焦化、溢出，造成营养成分变化（图1-16）。

图1-16　溶解

3. 定容　因加热蒸发可能会造成水分的丢失，所以最后应补加水至所需体积。

4. 调节pH　通常使用0.1mol/L NaOH或0.1mol/L HCl校正至培养基所需pH，调节pH可以使用精密pH试纸，也可以使用酸度计（图1–17）。

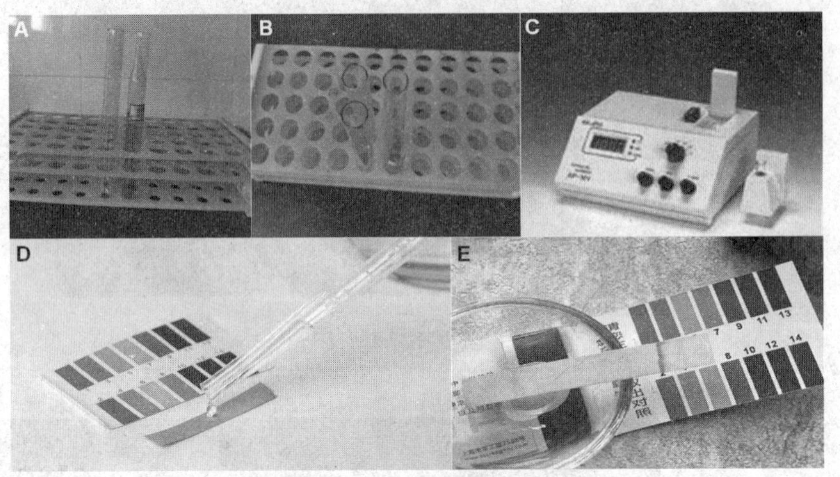

图1–17　pH调节（AB四孔比色法；C比色计法；DE–pH试纸法）

5. 分装　培养基配制好以后，要根据不同的使用目的，将培养基分装至试管或三角锥形瓶中。分装要求快速、定量。同时，注意不要使培养基沾在试管口或瓶口，防止造成污染。分装量应视培养基的类型而定。

（1）半固体或固体培养基　趁热分装，分装于试管管长的1/4~1/3。

（2）液体培养基　分装于试管的1/4~1/3高度为宜；装入三角锥形瓶的体积一般不超过1/2（图1–18）。

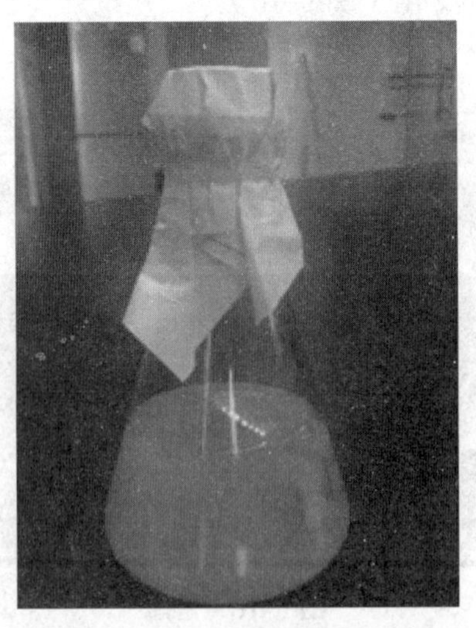

图1–18　液体培养基锥形瓶分装

（3）琼脂斜面　需要灭菌后摆琼脂斜面的培养基，一般分装于试管长度的1/5，灭菌后趁热放斜待凝，最终使斜面长度约为试管长度1/3，不超过1/2（图1–19）。

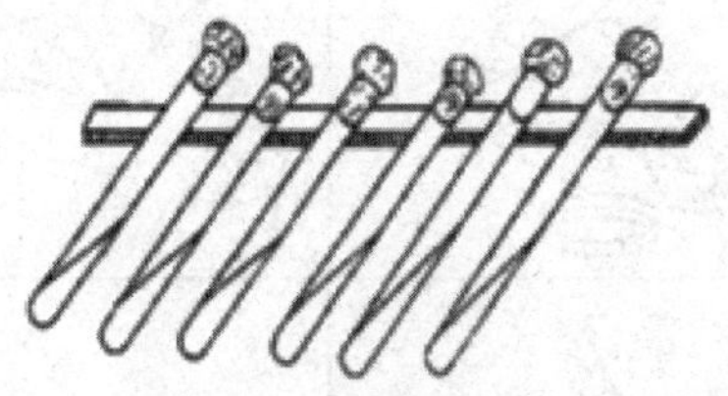

图1–19　琼脂斜面制备

（4）高层斜面　一般分装于试管1/3，灭菌后放斜，待凝（图1–20）。

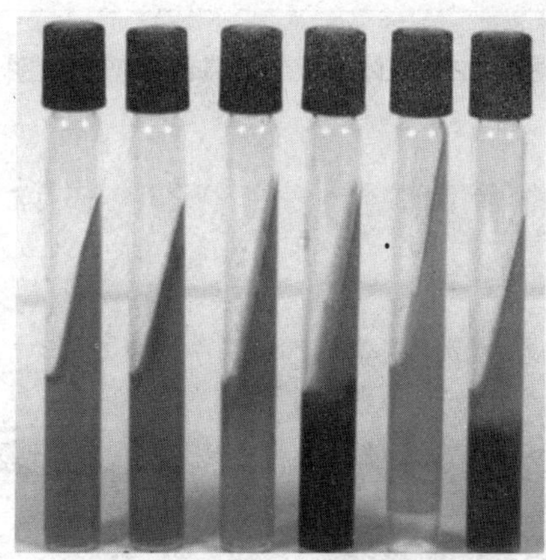

图1–20　高层斜面制备

6. 灭菌　上述培养基应按培养基配方中规定的条件及时进行灭菌。一般普通培养基的灭菌采用高压蒸汽灭菌，条件为121℃灭菌15~30分钟。

7. 斜面、平板及半固体培养基的制备

（1）斜面的制备　培养基灭菌后立即取出，摆成适当的斜面，斜面的长度约占试管长度的1/3，不超过1/2，待自然凝固。摆放时注意不可使培养基污染棉塞，且冷凝过程中勿再移动试管（图1–21）。

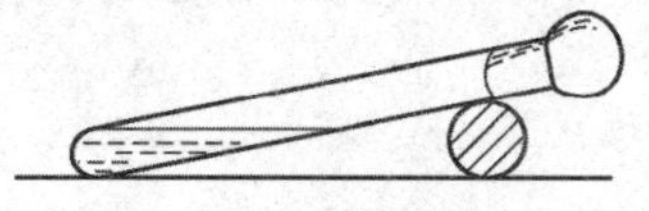

图1–21　斜面的制备

（2）平板的制备　待三角锥形瓶中的培养基冷却至50℃左右，在酒精灯旁无菌操作，倒入15~20mL，覆盖整个平皿（图1–22、图1–23）。

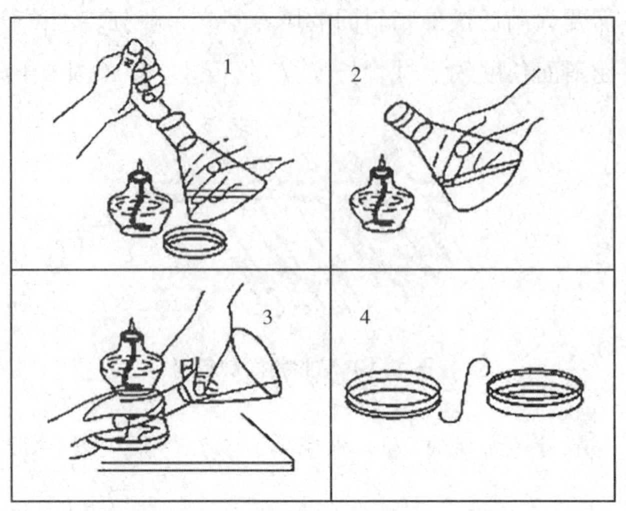

微课3

图1-22 固体平板培养基的制备示意图

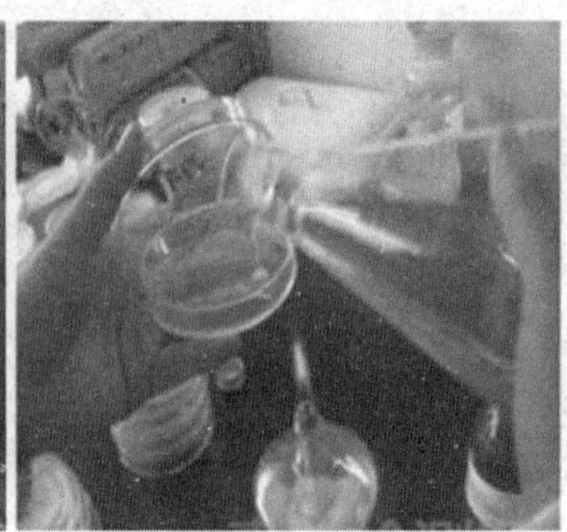
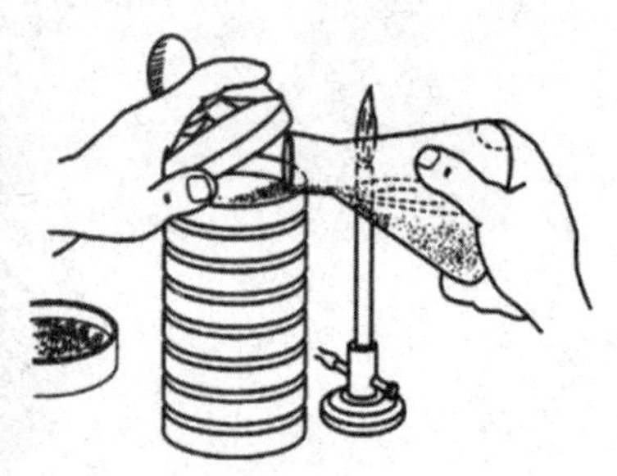

图1-23 固体平板培养基的制备

（3）半固体培养基的制备 灭菌后垂直放置至冷却凝固。

8.培养基的质量控制及无菌检查 灭菌后的培养基，在无菌接种的状态下，于培养箱在30~37℃恒温培养24~48小时，如发现有杂菌生长，应及时再次灭菌，以保证使用时培养基处于绝对无菌状态。

9.培养基的存放 配制好的培养基需要注明名称、日期，姓名等信息，并按照培养基储藏条件进行存放。一般可存放于4℃冰箱或冷暗处，不超过2周，以防止干涸和污染。

任务四 消毒与灭菌技术

消毒灭菌技术是从事微生物检验工作的基础。通过利用物理、化学或生物学方法造成不利于生物生长的环境来抑制或杀死环境中的微生物，以达到控制或消灭微生物的目的。

一、基本概念

1.消毒　是指杀灭物体上或环境中绝大部分微生物的方法，尤其是病原微生物，但不一定能杀死芽孢，如化学消毒剂。

2.灭菌　是指用物理或化学方法杀灭物体上所有病原微生物和非病原微生物的繁殖体和芽孢的方法，包括微生物营养体、芽孢、孢子，最终达到无菌状态。

3.防腐　又称抑菌，阻止或抑制微生物生长繁殖的方法。

二、消毒与灭菌技术的分类

常用的杀菌技术可以分为4类：温度灭菌、过滤除菌、辐照灭菌、化学消毒。

1.温度灭菌　温度是影响微生物生长繁殖最重要的因素之一。在一定温度范围内，机体的代谢活动与生长繁殖随着温度的上升而增加；然而，当温度上升到一定程度，开始对机体产生不利的影响，如温度再继续升高，则细胞功能急剧下降以至死亡。根据微生物生长与温度的关系，微生物的生长分为3个温度基点：最低温度、最高温度和最适温度。

（1）低温抑菌　引起食品腐败变质的微生物大部分属于嗜温微生物，当此类微生物处于低温环境时，其细胞内酶活性降低，代谢被抑制，生长速度变缓，但仍可保证存活状态。当温度重新升高后，依然可恢复正常生命活动。因此，在实际的食品保藏中，常采用低温对食品中的微生物进行控制，抑制微生物的生长和繁殖，延长食品的保藏期。

（2）高温灭菌　是通过高温作用于微生物细胞，引起细胞蛋白质凝固，细胞内酶变性失活，细胞质膜热裂解，从而使细胞生化反应停止，新陈代谢终止，最终导致细胞死亡，从而达到灭菌效果的一种灭菌方式。不同微生物的耐热能力不同，所以作用条件也不同，如大多数细菌60℃作用数分钟即可死亡，但芽孢在沸水中数小时仍存活。

1）干热灭菌：一种利用火焰或热空气杀死微生物的方法，简单易行，但使用范围有限。

a.灼烧灭菌法（火焰灭菌法）：直接使用火焰进行灼烧灭菌，是最简单、最彻底的一种灭菌方法，常适用于接种环、接种针和金属用具、试管口、瓶口、玻璃涂布棒等的灭菌。常用方式如下：金属器械可在火焰上烧灼20秒，瓶塞或试管口在火焰上来回旋转2~3次等进行灼烧灭菌。

b.干热空气灭菌：利用电热干燥箱（烘箱）的热空气进行灭菌，一般在160~170℃维持1~2小时，即可实现完全灭菌，效果可靠。适用于玻璃器皿、金属用具等耐热物品灭菌，但橡胶制品，塑料制品、培养基不适用此法。图1–24是电热干燥箱。

图1-24　电热干燥箱

2）湿热灭菌：一种利用煮沸或饱和蒸汽杀死微生物的方法。在同一温度下，湿热灭菌效果比干热好。其主要原因：湿热存在的潜热大；湿热比干热穿透力强，使物品升温快；湿热条件下细菌蛋白质更容易变性凝固。此类方式主要包括：高压蒸汽灭菌法、煮沸消毒法、间歇蒸汽灭菌法和巴氏消毒法。

2.过滤除菌　是将含菌的液体或气体通过细菌滤过装置，使杂菌受到机械的阻力而留在滤器或滤板上，从而到达去除杂菌的目的。适用于受热易分解或破坏化学成分的物质，如抗生素、血清、疫苗、毒素、维生素和糖类等溶液。但此法无法阻截病毒、支原体等微生物。

图1-25　紫外线消毒灯

3.辐射灭菌　主要是采用紫外线、X射线、β射线、γ射线等对物品进行杀菌。其中，紫外线穿透力弱，常应用于物体表面和空气的消毒，如手术室、食品包装车间、无菌室等（图1-25）。此外，γ射线具有穿透力强，被灭菌物体温度变化小的杀菌特点，适用于大量一次性医用塑料制品的消毒、食品内部杀菌等。

4.化学消毒　使用能杀死微生物或抑制微生物生命活动的化学制剂进行消毒。常用的化学消毒剂包括2%~5%苯酚溶液、75%乙醇溶液、苯扎溴铵（新洁尔灭）、碘伏、漂白粉等。

三、高压蒸汽灭菌锅

1.高压蒸汽灭菌锅的工作原理　水在密闭的高压蒸汽灭菌锅中煮沸，产生蒸汽，驱除空气后，使蒸汽不逸出，随着容器内蒸汽的增多，压力也逐渐升高，水的沸点也随之升高

（>100℃）。利用高温可使微生物的蛋白质和酶凝固变性，达到灭菌的目的。高压蒸汽灭菌锅是利用高压和高热对微生物进行灭菌的（图1-26、图1-27）。

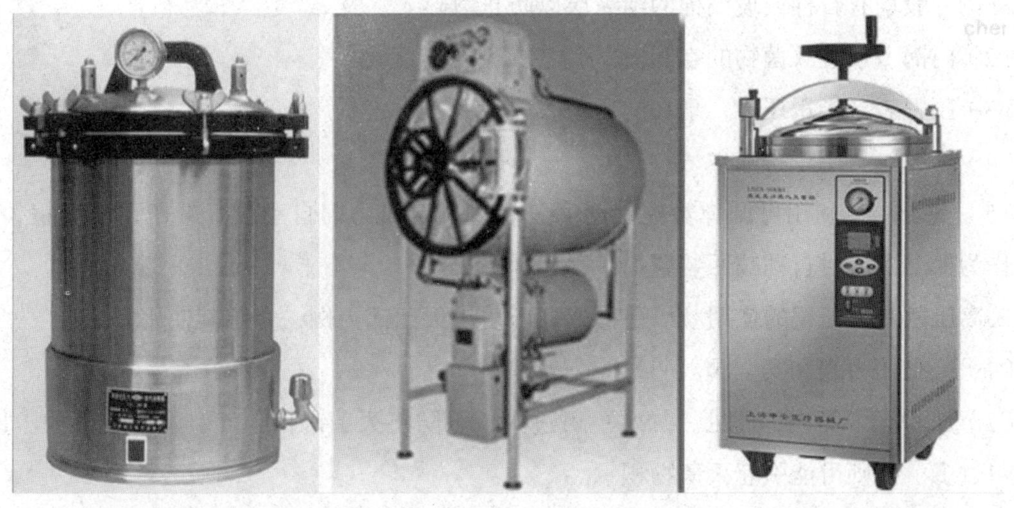

图1-26　高压蒸汽灭菌锅（排气型）

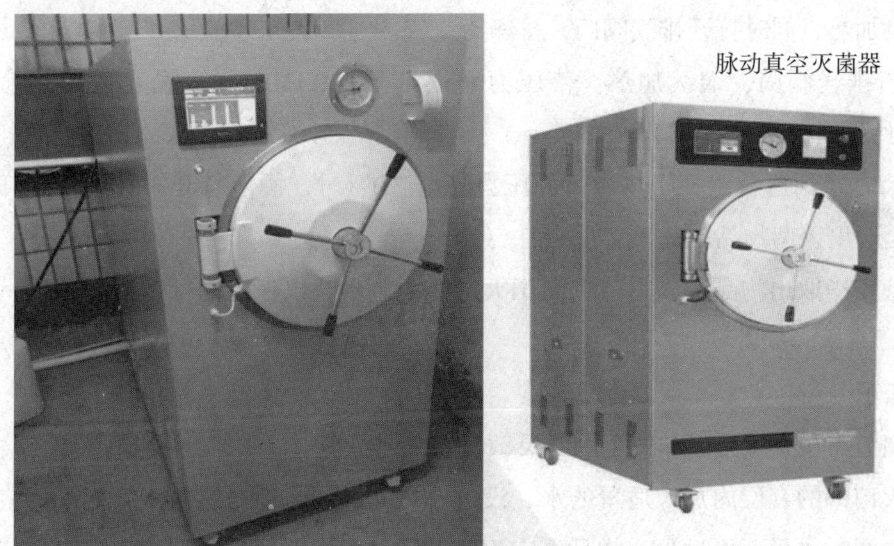

图1-27　高压蒸汽灭菌锅（预真空型）

高压蒸汽灭菌是目前最有效的灭菌方法，适用于普通培养基、生理盐水、器械、玻璃容器等物品的灭菌。在103kPa（0.103MPa）蒸汽压下，温度达到121.3℃，维持15~30分钟，可杀灭包括芽孢在内的所有微生物。然而需要注意的是，利用该法灭菌时，一定要使冷空气从灭菌器内顺利排出，这是因为冷空气导热性差，会阻碍蒸汽接触待灭菌物品，并且可能减低蒸汽压力使之达不到应有的温度。

2. 高压蒸汽灭菌锅的基本结构

（1）外锅　或称“夹套”，供装水发生蒸汽用，与之连通有水位玻管以标志装水量。外锅外侧一般均有石棉或玻璃棉的绝缘层以防止散热。

（2）内锅　放置灭菌物的空间。

（3）压力表　指示压力，现在的压力表一般用MPa表示。

（4）排气阀　用于排除空气。

（5）安全阀　利用可调弹簧控制活塞，超过额定压力即自动放气减压，安全报警用，不可作为保温保压时自动减压装置。

3. 高压蒸汽灭菌锅的使用　以手提式高压蒸汽灭菌锅为例，介绍其使用方法。

（1）检查压力表和安全阀。

（2）加水至外筒内，此处，加水不可过少，以防将灭菌锅稍干，引起炸裂事故。加水也不可过多，否则可能引起灭菌物积水。

（3）装料。将待灭菌物品放入内筒，不要装得过满。盖上灭菌器盖，对角方向拧紧螺旋使之密闭。

（4）通电加热，同时打开排气阀门，排净冷空气。

（5）关闭排气阀门，继续加热。待压力表逐渐升至0.1MPa时，温度达到并稳定于121℃时，开始计时，维持15~30分钟。

（6）灭菌时间到达后，关闭热源。待压力降至“0”时，慢慢打开排气阀，旋开固定螺旋，启盖，取出灭菌物品。

（7）灭菌完毕取出物品后，需清理高压灭菌锅内剩水，以保持内壁及内胆干燥，盖好锅盖。

4. 注意事项

（1）灭菌前需检查压力表和安全阀的灵敏度。

（2）在灭菌锅的套层内加入适量的水，没过电热丝，使水面与三角搁架相平为宜。切勿忘记加水，同时水量不可过少，物品不应相互挤压过紧，以保证蒸汽流通。三角烧瓶与试管的口端均不要与锅壁接触。

（3）上锅盖时需要将螺丝旋紧，使蒸汽锅密闭勿漏气。

（4）灭菌前需完全排尽锅内的冷空气，否则会导致灭菌不彻底。

（5）切勿打开放气阀降压，因为此时压力虽然下降很快，但温度不能很快降下来，易造成锅内水和培养基发生爆沸现象。也不能在压力未完全降下前开启锅盖。

（6）灭菌结束后，应放尽锅内的水，擦干，以免日久生锈。

（7）对于不耐高温的试剂，比如葡萄糖等成分可以115℃或110℃，维持30分钟，亦可达到灭菌的目的。

任务五　细菌的接种与分离技术

一、基本概念

自然界中，微生物都是以群居的方式存在的。为了生产和科研的需要，人们往往需从自然界混杂的微生物群体中分离出具有特殊功能的纯种微生物。在人为条件下，培养的微生物群体称为培养物，只有一种微生物的培养物被称作纯培养物。

二、接种技术

微生物的接种技术是将一种微生物移接到另一灭菌的新培养基中，使其生长繁殖的过程。常用的接种方法包括斜面接种、液体接种、平板接种和穿刺接种等。接种的核心是在操作过程中，必须严格遵循无菌操作，即利用接种工具在无菌条件下将微生物培养物分离、转接及培养纯培养物时，防止被其他微生物污染的技术。其目的是保证纯培养物不被环境中的微生物污染，同时，防止微生物培养在操作过程中污染环境或感染操作人员。

1. 常用的接种工具　包括接种针、接种环、涂布棒、接种钩、接种圈、接种锄等（图1-28）。其中，最常用的为接种环和接种针。接种环的前端为闭合环状，用于挑取菌落或液体培养物；接种针适用于挑取菌落后进行穿刺培养或斜面培养。

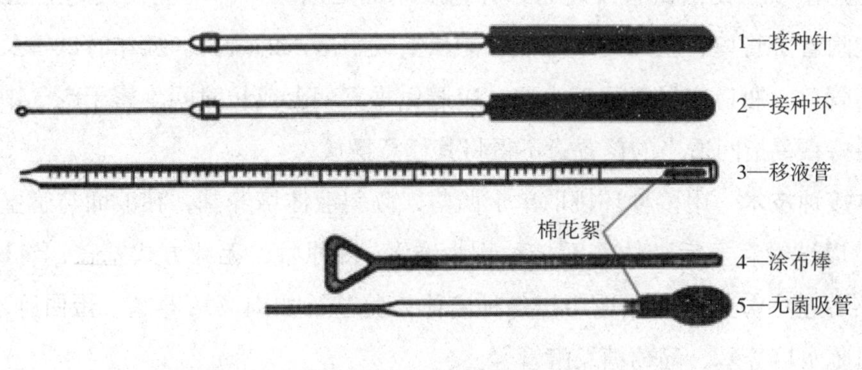

图1-28　常用的接种工具

2. 接种环（针）的使用　接种是细菌分离培养的关键步骤；根据待检标本的来源、培养目的及培养基的性状选择适合的接种方法。

（1）具体方法　灭菌接种环（针）→待冷蘸取细菌标本→进行接种（启盖或塞、接种划线、加盖或塞）→接种环（针）灭菌（图1–29）。

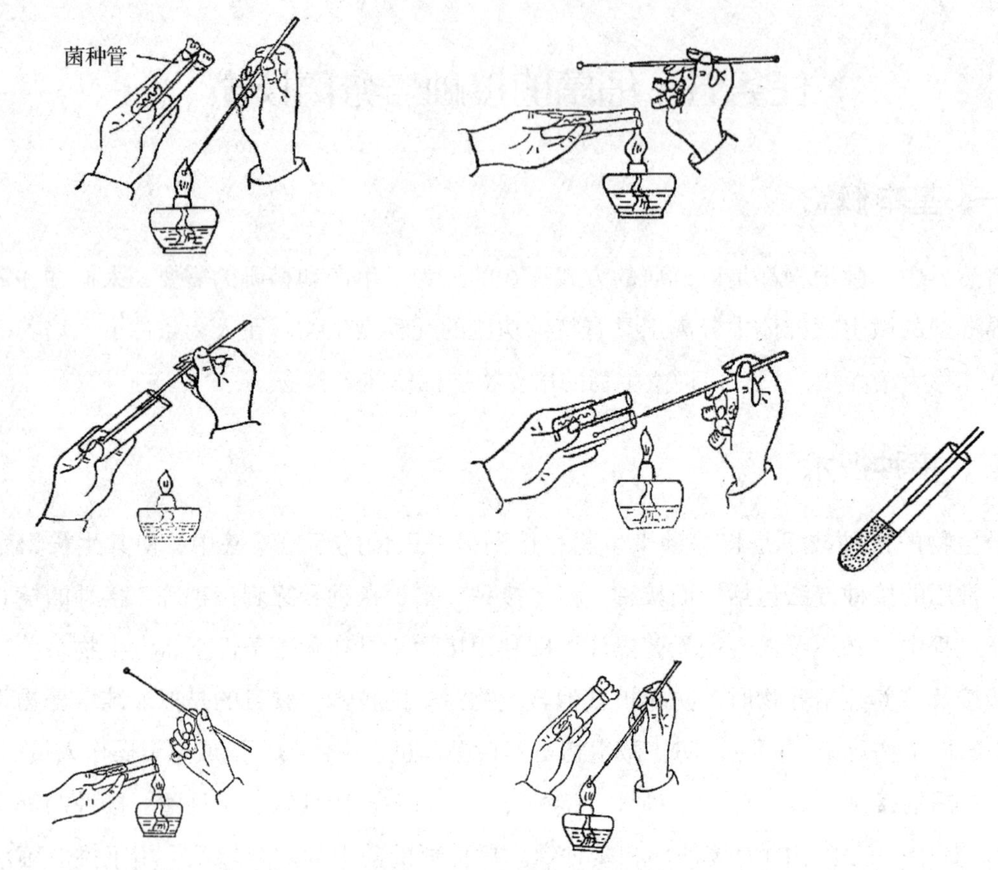

图1–29　接种环（针）的使用

（2）注意事项　无菌试管及烧瓶，开塞及塞回之前，口部均应在火焰上通过1~2次，以杀死可能附着于管口、瓶口的细菌或可能从空气中落入的杂菌。操作时试管及烧瓶的瓶口开塞后的管口、瓶口应尽量靠近火焰。应避免垂直朝上或长时间暴露于空气中，瓶塞或试管塞应夹持在手指间适当的位置，不得将其任意摆放。

3.液体接种技术　用接种环挑取单个菌落，倾斜液体培养基，在液面与管壁交界处研磨接种物（以试管直立后液体淹没接种物为准），接种后，无菌方式塞盖，将试管竖立，使菌体在培养基中分散。此法适用于各种液体培养基，如肉汤培养基、蛋白胨水培养基、葡萄糖蛋白胨水培养基、葡萄糖发酵管等。

4.穿刺接种技术　此法的接种工具是接种针，所选用的培养基一般为半固体培养基。方法：接种针蘸取少量菌种，自培养基正中垂直刺入至距管底约0.4cm处，要求稳、轻巧、快速，随后，接种针再沿穿刺线退出。要求接种针要挺直。适用于微生物的动力研究，如某细菌具有鞭毛而能运动，则在穿刺线周围能够生长（图1–30）。

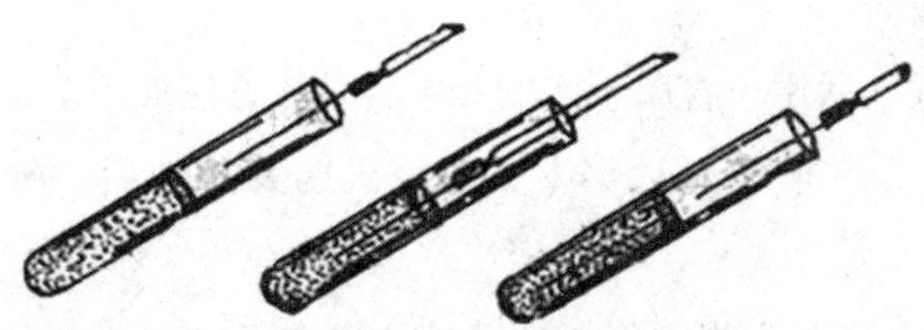

图1–30　半固体穿刺接种

5.斜面接种技术　此法适用于纯培养、菌种传代、保藏菌种以及观察细菌特性。具体方法如下。

（1）左手拇指、示指、中指及无名指平行握持斜面培养基试管及待接种菌试管，斜面朝上；右手以“握笔式”持接种环，在酒精灯火焰上方灼烧灭菌并冷却。

（2）于酒精灯火焰上方无菌区域内，用小指及小指与无名指间指缝夹取两个试管塞，拔取试管塞。

（3）灼烧试管口：缓缓过火2~3次，勿烧过烫。

（4）取菌。接种环冷却（接触无菌区），迅速用灭菌的接种环刮取少许菌苔，蘸取少量菌体或孢子，勿碰壁。

（5）接种。从底部向上做“Z”划线或接种针划直线。

（6）灼烧试管口，塞紧试管塞。

（7）灼烧接种环灭菌后放回原处。

（8）将试管做好标记，37℃培养过夜（图1–31）。

微课4

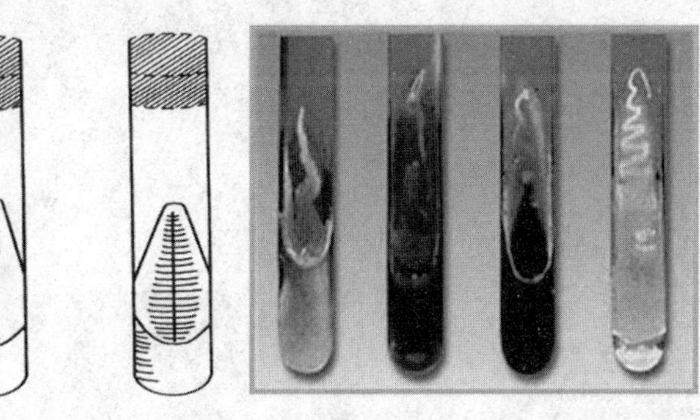

图1–31　斜面接种技术

微课5

三、分离纯化技术

用接种环蘸取少许标本，在无菌平板表面进行划线，通过划线次数的增加，微生物细胞数量不断减少，分散生长，形成单个菌落。可供细菌计数、纯培养以及进一步鉴定。

1. 平板划线分离法

（1）平板分区划线　适用于含菌量多的标本，具体方法如下。

微课6

1）右手持接种环，在酒精灯火焰上方灼烧灭菌并冷却后，蘸少许标本（单菌落或菌悬液一环）。

2）左手中指、无名指及小指水平托住平板培养基平皿底部，拇指及示指夹住平皿盖，在酒精灯火焰上方无菌区域内将皿盖打开（图1–32、图1–33）。右手将蘸好标本的接种环在培养基平面的一边做第一次划线，呈30°~45°角做不重叠连续平行划线3~4条，作为第一区，此区域面积不超过平板面积的1/4（图1–34）。

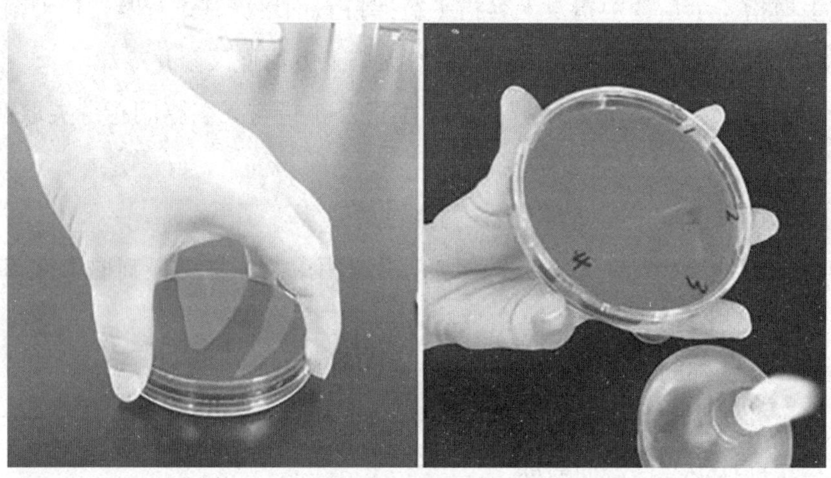

图1–32　取板、定位

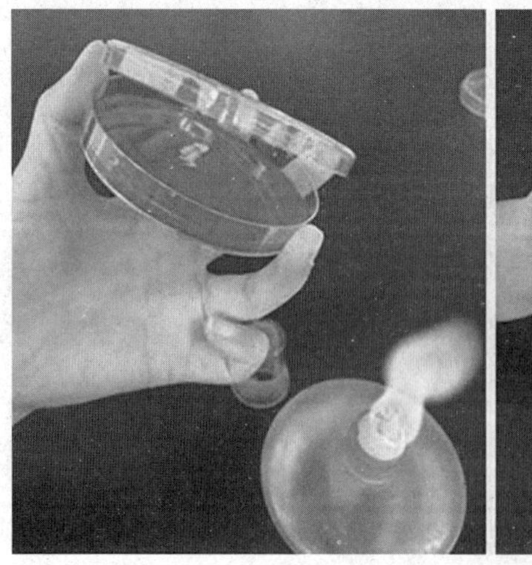

图1–33　培养基开盖

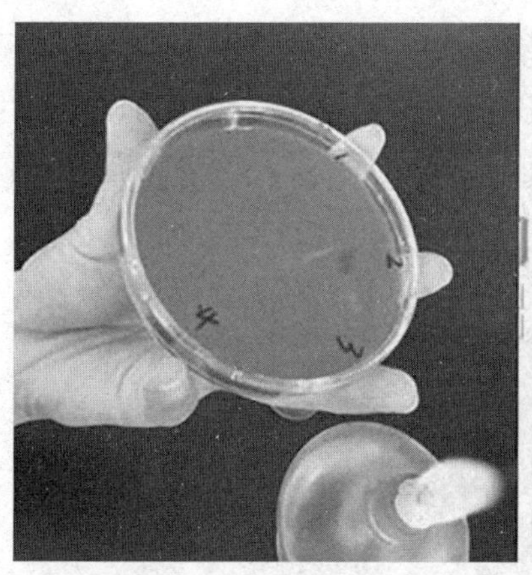
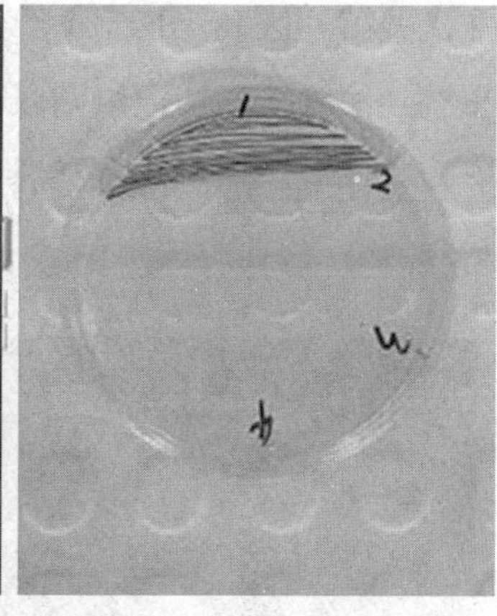

图1-34　第一区划线

3）转动培养皿60°~90°角，用手指做标记（图1-35）。并将接种环上剩余物烧掉，灭菌待冷却后通过第一区尾部做第二次划线（图1-36）。前2~3条线通过第一区域，后面几条可以不通过。

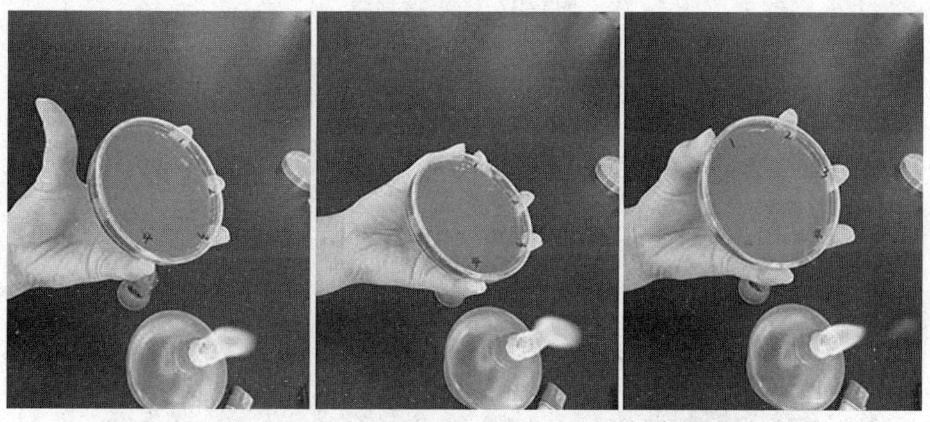

图1-35　转板

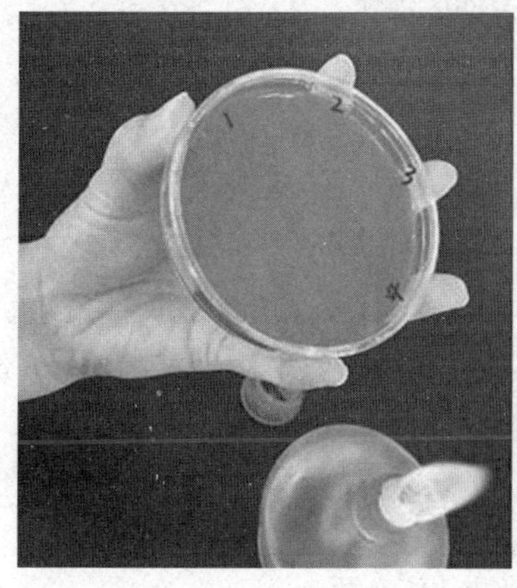
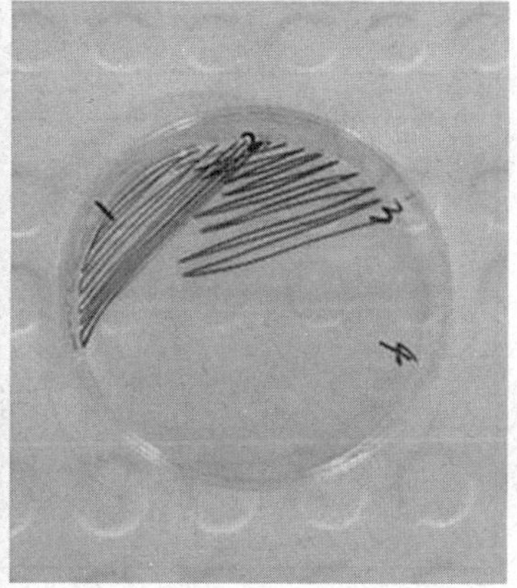

图1-36　第二区划线

4）依此类推，做第三区和第四区划线（图1–37、图1–38）。后面区划线通过前一区域3~4次，做不重叠连续划线。切记第四区不得与第一区重叠（图1–39、图1–40）。

5）接种完毕，盖好平皿盖。灼烧接种环后放回原处。将培养皿做好标记，37℃倒置培养过夜。

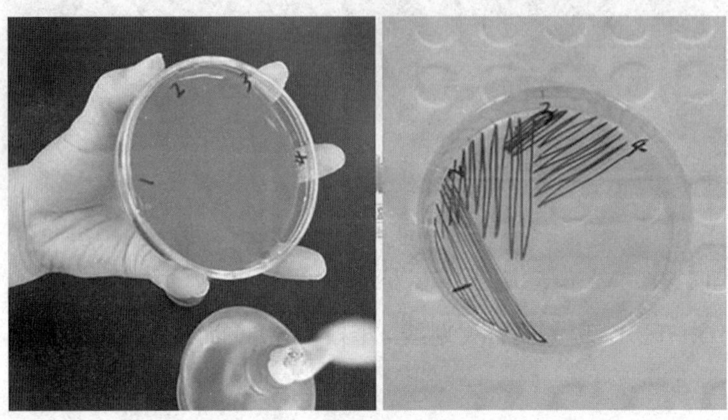

图1–37　第三区划线

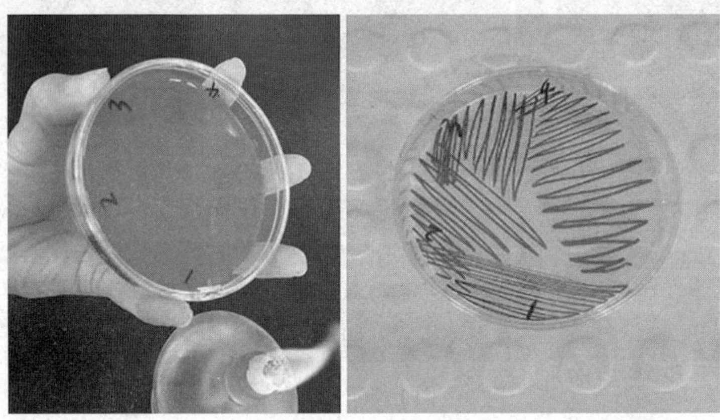

图1–38　第四区划线

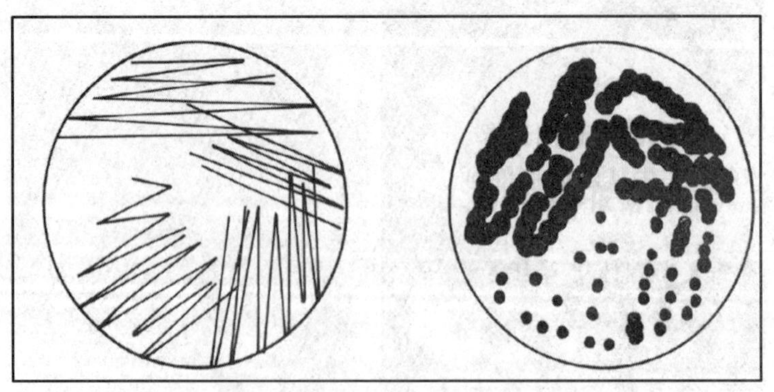

图1–39　平板分区划线示意图

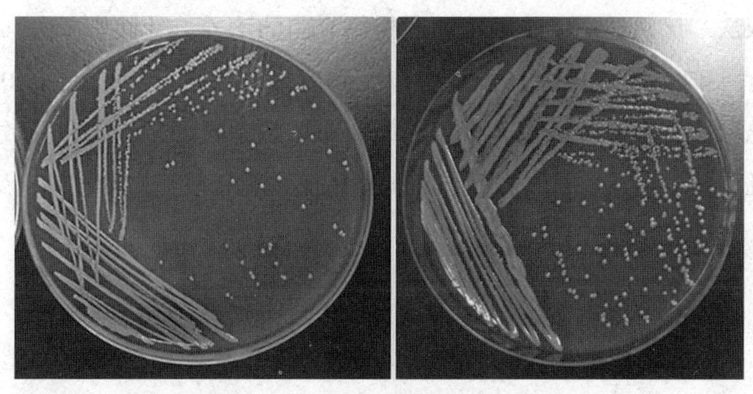

图1-40　平板分区划线效果对照

（2）连续划线法　适用于含菌量相对较少的标本或培养物。方法：于平板一角用接种环在平板表面向左、右两侧划线向下移动，直至画满整个平板。注意事项：划线时紧密重复不交叉，不要划破培养基；尽量占完整个平板，以便更好地吸取营养；线外的菌落一般是杂菌。

2.倾注平板法　先将微生物悬液稀释成一系列的稀释度，取一定量的稀释液加入平皿，然后，注入已冷却至45~50℃的固体培养基15~20mL，并放在桌面上前后、左右充分混匀，静置至完全冷凝（图1-41）。最后，依据生长要求，置于不同温度的培养箱中，倒置培养。该方法的缺点：①将含菌的样品加入还比较烫的琼脂培养基，再倒平板，易造成某些热敏感菌的死亡；②对于某些好氧菌，因处于琼脂中间的相对缺氧环境，可能会影响其生长。

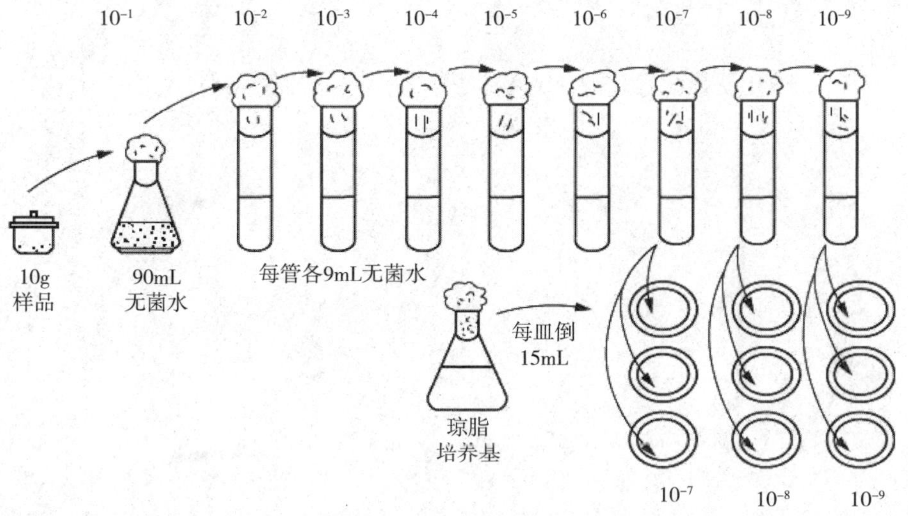

图1-41　倾注平板法

3.涂布平板法　该法适用于热敏菌和严格好氧菌的培养。其操作方法：先将已熔化的培养基倒入无菌平皿，制成无菌平板，冷却凝固后，将一定量（0.1mL或0.2mL）的某一稀释度的样品悬液滴加在平板表面，再用无菌涂布棒将菌液均匀涂布，分散至整个平板表面，经培养后挑取单个菌落。重复数次，可分离得到纯化菌种。

项目二　食品安全细菌学检验技术

学习目标

通过本项目的学习，学生能够：

1. 把握不同食品样品采集与处理的原则与方法；菌落总数测定的原理及流程；大肠菌群检测的原理及流程；霉菌与酵母计数的流程。

2. 能够正确解读食品微生物检验标准；掌握各类食品样品采集方法；熟悉样品处理技术，能够对不同种类和状态的样品进行处理；熟练掌握食品中菌落总数的测定，并报告；能够对食品中的大肠菌群进行熟练测定，并报告；能够对食品中的霉菌和酵母进行计数，并报告。

3. 具有实验室生物安全意识、质量意识、环保意识，培养信息素养、科学探索精神、工匠精神；树立正确的劳动观和职业道德素养。

任务一　食品微生物检验样品的采集与处理

食品从原料生产、贮藏、运输及销售等各个环节均有可能会遭受微生物的污染。常见的微生物污染主要包括环境污染、原料和水污染、人和动物污染、器具污染、保藏与运输污染等。为有效控制食品中微生物的污染，使食品处于安全状态，需要采取积极措施，加强食品微生物检验与卫生监督检查。食品样品的采集与处理是食品微生物检验过程的第一步，也是至关重要的关键步骤。

一、采样的概念

采样，是指从待鉴定的一大批食品中抽取小部分用于检验的过程。

1. 大样　就是一整批。

2. 中样　是从样品中各部分取得的混合样品，一般为250g（mL）。

3. 小样　也称检样，做分析用，一般为25g（mL）。

二、采样原则

1.准确性原则 根据检验目的、食品特点、批量、检验方法、微生物的危害程度等确定采样方案。

2.代表性原则 应采用随机原则进行采样，确保采集的样品能真正反映被采样本的总体水平。每批食品应随机抽取一定数量的样品，生产过程中，在不同时间内各取少量样品予以混合，使所采集的样品具有代表性。

（1）固体或半固体的食品 采用四分法取样：从表层、中层和底层，中间和四周等不同部位取样，并混合。

（2）液体的食品 采用虹吸法取样。如牛奶、葡萄酒、植物油等，常采用虹吸法（或用长形吸管）按不同深度分层取样，并混匀。

3.及时性原则 采样应及时，采样后应及时送检，在保存和运输过程中，应采取必要措施防止样品中原有微生物数量变化，保持样品原有状态。采集的非冷冻食品一般在0~5℃冷藏，不能冷藏的食品立即检验。一般在36小时内进行检验。

4.不污染原则 所采集样品应尽可能保持食品原有的品质及包装形态。

5.无菌原则 采样过程遵循无菌操作要求，防止一切可能的外来污染。

三、食品微生物检验的采样方案

1.原理 不同国家或地区有不同的食品微生物检验的采样方案，其中应用最多的包括国际食品微生物标准委员会（ICMSF）采样方案、美国食品药品管理局（FDA）采样方案、联合国粮农组织（FAO）采样方案。

我国的食品取样方案依据GB 4789.1—2016《食品安全国家标准 食品微生物学检验 总则》。该标准规定了采样方案可分为二级和三级采样方案两种类型。其实质是根据以下要素来设定抽样方案并规定不同采样数。

（1）各种微生物本身对人体的危害程度。

（2）食品经不同条件处理后，其危害程度的变化：降低危害度、危害度未变或增加危害度。

2.采样方案 依据事先给食品进行的危害程度划分来确定，ICMSF将所有食品分成三种危害度，具体取样方案见表2-1。

Ⅰ类危害（重）指老人和婴幼儿食品及在食用前可能会增加危害的食品。

Ⅱ类危害（中）指可立即食用的食品，在食用前危害基本不变。

Ⅲ类危害（轻）指食用前经加热处理，危害减小的食品。

表2-1　ICMSF按微生物指标的重要性和食品危害度分类后确定的取样方案

取样方法	指标重要性	指标菌	食品危害度		
			Ⅲ（轻）	Ⅱ（中）	Ⅰ（重）
三级法	一般	细菌总数 大肠菌群 大肠埃希菌 葡萄球菌	n=5 c=3	n=5 c=2	n=5 c=1
	中等	金黄色葡萄球菌 蜡样芽孢杆菌 产气荚膜梭菌	n=5 c=2	n=5 c=1	n=5 c=1
二级法	中等	沙门菌 副溶血性弧菌 致病性大肠埃希菌	n=5 c=0	n=10 c=0	n=20 c=0
	严重	肉毒梭菌 霍乱弧菌 伤寒沙门菌 副伤寒沙门菌	n=15 c=0	n=30 c=0	n=60 c=0

根据危害程度的分类，将采样方案分为二级和三级采样方案。二级采样方案设有n、c和m值，适用于中等或严重危害情况下。对健康危害低的情况下使用三级采样方案，三级采样方案设有n、c、m和M值。

①n——同一批次产品应采集的样品件数；

②c——最大可允许超出m值的样品数；

③m——微生物指标可接受水平限量值（三级采样方案）或最高安全限量值（二级采样方案）；

④M——微生物指标的最高安全限量值；

⑤按照二级采样方案设定的指标，在n个样品中，允许有≤c个样品其相应微生物指标检验值大于m值；

⑥按照三级采样方案设定的指标，在n个样品中，允许全部样品中相应微生物指标检验值小于或等于m值；允许有≤c个样品其相应微生物指标检验值在m值和M值之间；不允许有样品相应微生物指标检验值大于M值。

例如：n=5，c=2，m=100CFU/g，M=1000CFU/g。其含义：从一批产品中采集5个样品，若5个样品的检验结果均小于或等于m值（≤100CFU/g），则这种情况是允许的；若≤2个样品的结果（X）位于m值和M值之间（100CFU/g<X≤1000CFU/g），则这种情况也是允许的；若有3个及以上样品的检验结果位于m值和M值之间，则这种情况是不允许的；若有任一样品的检验结果大于M值（>1000CFU/g），则这种情况也是不允许的。

3. 各类食品的具体采样方案

（1）即食类预包装食品　取相同批次的最小零售原包装，检验前要保持包装的完整，直至检验前不要开封，以防污染。每件样品的采样量应满足微生物指标检验的要求。

（2）非即食类预包装食品　独立包装≤1000g的固态食品或≤1000mL的液态食品，取相同批次的包装。独立包装＞1000mL的液态食品，应在采样前摇动或用无菌棒搅拌液体，使其达到均质后采集适量样品，放入同一个无菌采样容器内作为一件食品样品；＞1000g的固态食品，应用无菌采样器从同一包装的不同部位分别采取适量样品，放入同一个无菌采样容器内作为一件食品样品。

（3）散装食品或现场制作食品　用无菌采样工具从n个不同部位现场采集样品，放入n个无菌采样容器内作为n件食品样品。每件样品的采样量应满足微生物指标检验单位的要求。

（4）流水线上取样　应在该批食品的前、中、后分点取样。

（5）食品安全事故中食品样品的采集　采样量应满足食源性疾病诊断和食品安全事件病因判定的检验要求。由餐饮单位或家庭烹调加工的食品导致的食品安全事故，重点采集现场剩余食品样品，以满足食品安全事故病因判定和病原确证的要求。

四、采集样品的标记

1. 标记内容　应对采集的样品进行及时、准确的记录和标记，内容包括采样人、采样地点、时间、样品名称、来源、批号、数量、保存条件等信息。盛装样品的容器必须有和样品同样的标记，且标记应牢固，具防水性，不会被擦掉或脱色。运送时封实样品容器。

2. 采集样品的贮存和运输　采样后，应尽快将样品送往实验室检验。应在运输过程中保持样品完整。如不能及时运送，应在接近原有贮存温度条件下贮存样品，或采取必要措施防止样品中微生物数量的变化。

五、样品的处理

1. 样品的检查　实验室接到送检样品后应认真核对样品及信息的完整性和有效性；对以签封形式送检的样品，应检查签封是否完整有效及运输过程有无损坏，查看样品的状态与采样记录是否清晰等，必要时会同采样人员进行验收。对需冷链保存等特殊储运条件的样品，应当检查其储运全过程的温湿度记录符合要求后方可签收。

2. 异常样品的处理　若发现样品数量不足，或因外观不整、温度不适、包装破损导致样品状态不佳，或标示缺失，实验室应在决定检测或拒绝接受样品前及时与采样人或客户协调解决，并记录解决的过程。在任何情况下，样品的状况都应在检测报告中体现。

3. 样品的唯一性标识　实验室在样品检查后必须对样品进行编号登记，确保样品在流转、检验、贮存过程中均具有其唯一性标识，保证样品识别的唯一性、不混淆性及可追溯性。如2022年2月15日收到的50号样品，编号可写成“22021550”。

4. 及时检验　实验室应按要求立即将样品放入冰箱或冰盒中，并为检验做准备，尽快检验。若不能及时检验，应采取必要措施保持样品原有状态，防止样品中目标微生物因客观条件的干扰而发生变化。

六、样品采集后的处理

1. 液体样品的处理

（1）瓶装液体样品处理　用点燃的酒精棉球灼烧瓶口灭菌，接着用苯酚或苯扎溴铵消毒后的纱布盖好，再用灭菌开瓶器将盖启开取样25mL。含有二氧化碳的样品可倒入500mL磨口瓶内，口勿盖紧，覆盖一灭菌纱布，轻轻摇荡，待气体全部逸出后再取样25mL。

（2）盒装或软塑料包装样品的处理　在其开口处用75%乙醇棉球擦拭消毒盒盖或袋口，用灭菌剪子剪开包装，无菌操作吸取样品，或倾入另一灭菌容器中再取样检验。

2. 固体样品的处理

（1）捣碎均质法　将中样（≥100g）剪碎或搅拌混匀，从中取出25g放入带225mL稀释液的无菌均质杯中，8000~10000r/min均质1~2分钟即可。

（2）剪碎振摇法　将中样（≥100g）剪碎或搅拌混匀，从中取出25g检样进一步剪碎，放入带225mL稀释液和直径5mm左右玻璃珠的稀释瓶中，盖紧瓶盖，用力快速振摇50次，一般为7秒内振摇25次，振幅为30~40cm。

（3）剪碎研磨法　将中样（≥100g）剪碎或搅拌混匀，从中取出25g检样放入无菌乳钵（加灭菌海砂或玻璃砂）中充分研磨后，再放入带225mL的无菌稀释液中，混匀，即1：10稀释液。

（4）整粒振摇法　直接称取25g整粒样品置于带有225mL稀释液和直径5mm左右玻璃珠的稀释瓶中，盖紧瓶盖，用力快速振摇50次，振幅一般约40cm。

3. 冷冻样品的处理　对于冷冻样品，先将中样进行解冻。要求在2~5℃下解冻，时间不能超过18小时；45℃下解冻，时间不能超过15分钟。再从中取检样25g做稀释处理。

七、常见样品的采集与处理

1. 肉与肉制品样品的采集与处理

（1）生肉及脏器

1）屠宰场宰后的畜肉：可开腔后，用无菌刀采取两腿内侧肌肉各150g（或劈半后采取两侧背最长肌各150g）。

2）冷藏或销售的生肉：可用无菌刀取腿肉或其他部位的肌肉250g。

样品采取后，放入灭菌容器内，立即送检。如条件不许可，最好不超过3小时，送检时应注意冷藏，不得加入任何防腐剂。生肉及脏器检样进行处理时，先将检样进行表面消毒（沸水内烫3~5秒，或火焰烧灼消毒），再用无菌剪子剪取检样深层肌肉25g，放入灭菌乳钵内用灭菌剪子剪碎后，加灭菌海砂或玻璃砂研磨，磨碎后加入灭菌水225mL，混匀，制成1：10稀释液。

（2）禽类（包括家禽和野禽）

1）鲜、冻家禽：采取整只，放灭菌容器内。先将检样进行表面消毒，用灭菌剪或刀去皮，剪取肌肉25g（一般可从胸部或腿部剪取），以下处理与生肉相同。

2）带毛野禽：可放清洁容器内，处理时先去毛，其余与家禽检样处理相同。以下处理步骤按照生肉处理要求进行。

（3）各类熟肉制品　包括酱卤肉、方圆腿、熟灌肠、熏烤肉、肉松、肉脯、肉干等。

1）采样：一般采取250g，而熟禽采取整只，均放于无菌容器内，立即送检。

2）处理：检验时直接切取或称取25g，按照生肉处理要求进行。

（4）腊肠、香肚等生灌肠

1）采样：采取整根、整只，小型的可采数根、数只，其总量不少于250g。

2）处理：先对灌肠表面进行消毒，用灭菌剪子取内容物25g，以下处理要求同生肉。

以上样品的采集和送检及检样的处理，均以通过检验细菌含量来判断其肉类新鲜度为目的。如需检验肉禽及其制品受外界环境污染的程度，或检验其是否带有某种致病菌，应采用棉拭采样法。

棉拭采样法：检验肉禽及其制品受污染的程度。一般可用板孔5cm^{2}的金属制规板压在受检物上，将灭菌棉拭稍沾湿，在板孔5cm^{2}的范围内揩抹多次，然后将板孔规板移压另一点，用另一棉拭揩抹，如此共移压揩抹10次，总面积为50cm^2，共用10只棉拭。每只棉拭揩抹完毕后立即剪断放入盛有50mL灭菌水的三角烧瓶或大试管里，立即送检，检验时先振摇，吸取瓶、管中的液体作为原液，按要求10倍递增稀释。

检致病菌不必用规板，可疑部分用棉拭揩抹即可。

2. 乳与乳制品样品的采集与处理

（1）样品采集

1）生乳：样品应充分搅拌混匀，混匀后应立即取样，用无菌采样工具分别从同批次（此处特指单体的贮奶罐或贮奶车）中采集*n*个样品，采样量应满足微生物指标检验的要求。具有分隔区域的贮奶装置，应根据每个分隔区域内贮奶量的不同，按比例从中采集一定量经混合均匀的代表性样品，将上述奶样混合均匀采样。

2）液态乳制品：适用于巴氏杀菌乳、发酵乳、灭菌乳、调制乳等。取相同批次最小零售原包装，每批次至少取*n*件。

3）半固体乳制品——炼乳

a. 原包装≤500g（mL）的制品：取相同批次的最小零售原包装，每批至少取*n*件。采样量不小于5倍或以上检验单位的样品。

b. 原包装大于500g（mL）的制品（再加工产品，进出口）：采样前应摇动或使用搅拌器搅拌，使其达到均匀后采样。如果样品无法进行均匀混合，就从样品容器中的各个部位取代表性样。采样量不小于5倍或以上检验单位的样品。

适用于淡炼乳、加糖炼乳、调制炼乳等。

4）半固体乳制品——奶油

a. 原包装≤1000g（mL）的制品：取相同批次的最小零售原包装，采样量不小于5倍或以上检验单位的样品。

b. 原包装大于1000g（mL）的制品（再加工产品，进出口）：采样前应摇动或使用搅拌器搅拌，使其达到均匀后采样。对于固态制品，用无菌抹刀除去表层产品，厚度不少于5mm。将洁净、干燥的采样钻沿包装容器切口方向往下，匀速穿入底部。当采样钻到达容器底部时，将采样钻旋转180°，抽出采样钻并将采集的样品转入样品容器。采样量不小于5倍或以上检验单位的样品。

适用于稀奶油、奶油、无水奶油等。

5）固态乳制品——乳粉、乳清粉、乳糖、酪乳粉

a. 原包装小于或等于500g的制品：取相同批次的最小零售原包装，采样量不小于5倍或以上检验单位的样品。

b. 原包装大于500g的制品：将洁净、干燥的采样钻沿包装容器切口方向往下，匀速穿入底部。当采样钻到达容器底部时，将采样钻旋转180°，抽出采样钻并将采集的样品转入样品容器。采样量不小于5倍或以上检验单位的样品。

（2）检样处理

1）乳及液体乳制品：先将检样摇匀，以无菌操作开启包装。塑料或纸盒（袋）装，用75%乙醇棉球消毒盒盖或袋口，用灭菌剪刀切开。玻璃瓶装，以无菌操作去掉瓶口的纸罩或瓶盖，瓶口经火焰消毒。用灭菌吸管吸取25mL（液态乳中添加固体颗粒状物的，应均质后取样）检样，放入装有225mL灭菌生理盐水的锥形瓶内，振摇均匀。

2）半固体乳制品——炼乳：清洁瓶或罐的表面，再用点燃的75%乙醇棉球消毒瓶或罐口周围，然后用灭菌的开罐器打开瓶或罐，以无菌操作称取25g检样，放入预热至45℃的装有225mL灭菌生理盐水（或其他增菌液）的锥形瓶中，振摇均匀。

3）半固体乳制品——奶油、稀奶油：无菌操作打开包装，称取25g检样，放入预热至45℃的装有225mL灭菌生理盐水（或其他增菌液）的锥形瓶中，振摇均匀。从检样融化到接种完毕的时间不应超过30分钟。

4）固体乳制品——乳粉及其制品：取样前将样品充分混匀。罐装乳粉的开罐取样法同炼乳，袋装奶粉应用75%乙醇棉球涂擦消毒袋口，以无菌操作开封取样。称取检样25g，加入预热到45℃盛有225mL灭菌生理盐水等稀释液或增菌液的锥形瓶内（可使用玻璃珠助溶），振摇使充分溶解和混匀。

对于经酸化工艺生产的乳清粉，应使用pH 8.4±0.2的磷酸氢二钾缓冲液稀释。对于含较高淀粉的特殊配方乳粉，可使用α–淀粉酶降低溶液黏度，或将稀释液加倍以降低溶液黏度。

3.蛋与蛋制品样品的采集与处理

（1）外壳　用灭菌生理盐水浸湿的棉拭子充分擦拭蛋壳，然后将棉拭子直接放入培养基内增菌培养，也可将整只蛋放入灭菌小烧杯或平皿中，按检样要求加入定量灭菌生理盐水或液体培养基，用灭菌棉拭子将蛋壳表面充分擦拭后，以擦洗液作为检样检验。

（2）鲜蛋蛋液　将鲜蛋在流水下洗净，待干后再用75%乙醇棉消毒蛋壳，然后根据检验要求，打开蛋壳取出蛋白、蛋清或全蛋液，放入带有玻璃珠的灭菌瓶内，充分摇匀待检。

4.水产品样品的采集与处理　现场采取水产食品样品时，应按检验目的和水产品的种类确定采样量。除个别大型鱼类和海兽只能割取其局部作为样品外，一般都采完整个体，待检验时再按要求在一定部位采取检样。

以判断质量鲜度为目的，鱼类和体型较大贝类，应以一个个体为一件样品，单独采取一个检样。但当对一批水产品做质量判断时，仍必须采取多个个体做多件检样以反映全面质量。一般小型鱼类和对虾、小蟹，因个体过小检验时只能混合采取检样。鱼糜制品和熟制品采取250g，放入灭菌容器内。

（1）鱼类　采取检样的部位为背肌。先用流水将鱼体体表冲净，去鳞，再用75%乙醇棉球擦净鱼背，待干后用灭菌刀在鱼背部沿脊椎切开5cm，再切开两端使两块背肌分别向两侧翻开，然后用无菌剪子剪取肉25g，放入灭菌乳钵内，用灭菌剪子剪碎，加灭菌海砂或玻璃研磨（有条件可用均质器），检验磨碎后加入225mL灭菌生理盐水，混匀成稀释液。

剪取肉样时，勿触破及沾上鱼皮。鱼糜制品应放入研钵内，进一步捣碎后，再加生理盐水。

（2）虾类　采取检样的部位为腹节内的肌肉。将虾体在流水下冲净，摘去头胸节，用灭菌镊子剪除腹节与头胸节连接处的肌肉，挤出腹节内的肌肉，称取25g放入灭菌乳钵内，以后操作同鱼类检样处理。

（3）贝壳类　从缝中徐徐切入，撬开壳盖，再用灭菌镊子取出整个内容物，称取25g置灭菌乳钵内，以下操作同鱼类检样处理。

八、检验方法的选择

（1）应选择现行有效的国家标准方法。

（2）食品微生物检验方法标准中对同一检验任务有两个及两个以上定性检验方法时，应以常规培养方法为基准方法。

（3）食品微生物检验方法标准中对同一检验任务有两个及两个以上定量检验方法时，应以平板计数法为基准方法。

九、检验后样品的处理

（1）检验结果报告后，被检样品方能处理。

（2）检出致病菌的样品要经过无害化处理。

（3）检验结果报告后，剩余样品和同批产品不进行微生物任务的复检。

任务二　菌落总数测定

一、菌落总数的概念

菌落总数是指食品检样经过处理，在一定的培养基、培养温度和培养时间等条件下进行培养后，所得每1g或1mL检样中形成的微生物菌落总数。其检测原理：当样品被稀释到一定程度后，与培养基混合，在一定条件培养下，每一个能够生长繁殖的活细菌细胞都可以在平板上形成一个肉眼可见的菌落。所生成的菌落总数即该食品中的菌落总数。此法测的结果，用菌落形成单位数（colony forming units，CFU）表示。

二、菌落总数测定的意义

（1）作为食品被微生物污染程度，即清洁状态的标志，反映食品在生产过程中的卫生状况。

（2）预测食品耐保藏性。一般食品中菌落总数的数量越多，食品腐败变质的速度就越快。如果食品的菌落总数严重超标，将会破坏食品的营养成分，使食品失去食用价值；还会加速食品的腐败变质，可能危害人体健康。

（3）菌落总数超标说明生产经营企业可能未按要求严格控制生产加工过程的卫生条件，或者包装容器清洗消毒不到位；还有可能与产品密封不严，储存条件控制不当，或者包装容器清洗消毒不到位有关。

三、菌落总数测定方法

食品中菌落总数的测定依照GB 4789.2—2022《食品安全国家标准　食品微生物学检验　菌落总数测定》进行。

（一）实训准备

1.仪器和材料　除微生物实验室常规灭菌及培养设备外，其他设备和材料如下：恒温培养箱[（36±1）℃，（30±1）℃]、冰箱（2~5℃）、恒温水浴箱[（46±1）℃]、天平（感量为0.1g）、均质器、振荡器、无菌吸管（1mL，具0.01mL刻度；10mL，具0.1mL刻度）或微量移液器及吸头、无菌锥形瓶（容量250mL、500mL）、无菌培养皿（直径90mm）、pH计或pH比色管或精密pH试纸、放大镜或菌落计数器、试管、酒精灯、试管架、无菌剪刀、无菌镊子等。

2.培养基和试剂　平板计数琼脂培养基、无菌磷酸盐缓冲液、无菌生理盐水。

（二）检验程序

菌落总数测定的检验程序如图2-1所示。

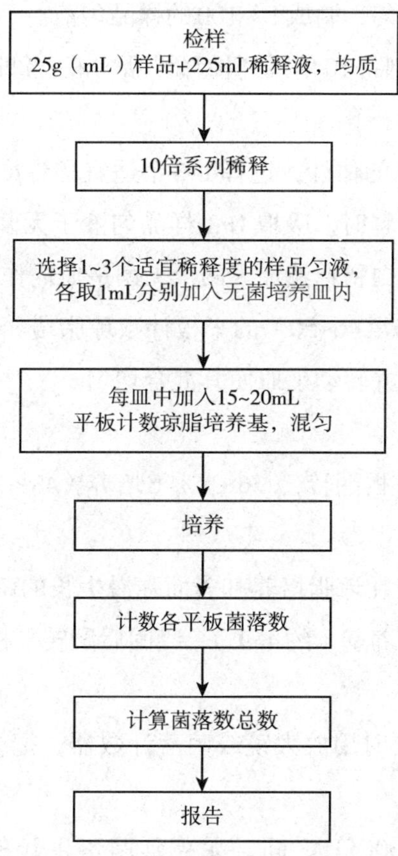

图2-1　菌落总数测定的检验程序

（三）操作步骤

1. 样品的稀释

（1）稀释固体和半固体样品时，称取25g样品置于盛有225mL无菌磷酸盐缓冲液或无菌生理盐水的无菌均质杯内，8000~10000r/min均质1~2分钟，或放入盛有225mL稀释液的无菌均质袋中，用拍击式均质器拍打1~2分钟，制成1：10的样品匀液。

（2）稀释液体样品时，以无菌吸管吸取25mL样品置于盛有225mL无菌磷酸盐缓冲液或无菌生理盐水的无菌锥形瓶（瓶内预置适当数量的无菌玻璃珠）中，充分混匀，制成1：10的样品匀液。或放入盛有225mL稀释液的无菌均质袋中，用拍击式均质器拍打1~2分钟，制成1：10的样品匀液。当结果要求为每1g样品中菌落总数时，按步骤（1）操作。

（3）用1mL无菌吸管或微量移液器吸取1：10样品匀液1mL，沿管壁缓慢注于盛有9mL稀释液的无菌试管中（注意吸管或吸头尖端不要触及稀释液面），振摇试管或换用1支无菌吸管反复吹打使其混合均匀，制成1∶100的样品匀液。

（4）按步骤（3）操作，制备10倍系列稀释样品匀液。每递增稀释一次，换用1次1mL无菌吸管或吸头。

（5）根据对样品污染状况的估计，选择1~3个适宜稀释度的样品匀液（液体样品可包括原液），在进行10倍递增稀释时，吸取1mL样品匀液于无菌平皿内，每个稀释度做两个平皿。同时，分别吸取1mL空白稀释液加入两个无菌平皿内作空白对照。

（6）及时将15~20mL冷却至46~50℃的平板计数琼脂培养基［可放置于（48±2）℃恒温水浴箱中保温］倾注平皿，并转动平皿使其混合均匀。

2.培养

（1）待琼脂凝固后，将平板翻转，（36±1）℃培养（48±2）小时。水产品（30±1）℃培养（72±3）小时。

（2）如果样品中可能含有在琼脂培养基表面弥漫生长的菌落时，可在凝固后的琼脂表面覆盖一薄层平板计数琼脂培养基（约4mL），凝固后翻转平板，按上述条件进行培养。

3.菌落计数

（1）可用肉眼观察，必要时用放大镜或菌落计数器，记录稀释倍数和相应的菌落数。以菌落形成单位（CFU）表示。

（2）选取菌落数在30~300CFU之间，无蔓延菌落生长的平板计数菌落总数。低于30CFU的平板记录具体菌落数，大于300CFU的可记录为“多不可计”。

（3）其中一个平板有较大片状菌落生长时，不宜采用，而应以无片状菌落生长的平板作为该稀释度的菌落数；若片状菌落不到平板的一半，而其余一半中菌落分布又很均匀，即可计算半个平板后乘以2，代表一个平板菌落数。

（4）当平板上出现菌落间无明显界线的链状生长时，则将每条单链作为一个菌落计数。

4.结果计算　菌落总数的计算方法如下。

（1）若只有一个稀释度平板上的菌落数在适宜计数范围内，计算两个平板菌落数的平均值，再将平均值乘以相应稀释倍数，作为每1g（mL）样品中菌落总数结果。

（2）若有两个连续稀释度的平板菌落数在适宜计数范围内时，按下式计算：

$$N=\frac{\sum C}{(n_1+0.1n_2)d}$$

式中，N为样品中菌落数；$\sum C$为平板（含适宜范围菌落数的平板）菌落数之和；n_1为第一稀释度（低稀释倍数）平板个数；n_2为第二稀释度（高稀释倍数）平板个数；d为稀释因子（第一稀释度）。

【示例】

稀释度	1：100（第一稀释度）	1：1000（第二稀释度）
平板上的菌落数（CFU）	232，244	33，35

$$N=\frac{\sum C}{(n_1+0.1n_2)d}=\frac{232+244+33+35}{(2+0.1\times 2)\times 10^{-2}}=24727$$

将24727按要求修约后，表示为25000或2.5×10^4。

（3）若所有稀释度的平板上菌落数均大于300CFU，则对稀释度最高的平板进行计数，其他平板可记录为“多不可计”，结果按平均菌落数乘以最高稀释倍数计算。

（4）若所有稀释度的平板菌落数均小于30CFU，则应按稀释度最低的平均菌落数乘以稀释倍数计算。

（5）若所有稀释度（包括液体样品原液）平板均无菌落生长，则以小于1乘以最低稀释倍数计算。

（6）若所有稀释度的平板菌落数均不在30~300CFU之间，其中一部分小于30CFU或大于300CFU时，则以最接近30CFU或300CFU的平均菌落数乘以稀释倍数计算。

5. 菌落总数的报告

（1）菌落数小于100CFU时，按“四舍五入”原则修约，以整数报告。

（2）菌落数大于或等于100CFU时，第三位数字采用“四舍五入”原则修约后，取前两位数字，后面用0代替位数；也可用10的指数形式来表示，按“四舍五入”原则修约后，保留两位有效数字。

（3）若所有平板上为蔓延菌落而无法计数，则报告“菌落蔓延”。

（4）若空白对照上有菌落生长，则此次检测结果无效。

（5）称重取样以CFU/g为单位报告，体积取样以CFU/mL为单位报告。

【示例】

例次	稀释液及菌落数（CFU）			菌落总数类型描述	报告方式［CFU/g（mL）］
	10^{-3}	10^{-4}	10^{-5}		
1	266；270	55；57	12；8	两个连续稀释均在30~300间，按计数公式计算	2.9×10^5

续表

例次	稀释液及菌落数（CFU）			菌落总数类型描述	报告方式［CFU/g（mL）］
	10^{-3}	10^{-4}	10^{-5}		
2	多不可计	多不可计	367；371	所有平板均>300，取稀释度最高者报告，其余为多不可计	3.7×10^7
3	27；29	2；0	0；0	所有平板均<30，取稀释度最低者报告	2.8×10^4
4	329；362	20；12	2；1	所有平板均不在30~300，且一部分<30，一部分>300，以最接近30或300者报告	3.5×10^5
5	0	0	0	所有平板均无菌落，则记为<1乘以最低稀释倍数报告	$<1.0 \times 10^3$
6	320；330	36；38	3；2	只有一个稀释度平板上的菌落数在30~300间，计算两个平板菌落数的平均值，再将平均值乘以相应稀释倍数	3.7×10^5

任务三　大肠菌群测定

一、大肠菌群的定义与范围

大肠菌群（coliform）是指一群在37℃条件下培养48小时能发酵乳糖、产酸产气的需氧和兼性厌氧的革兰阴性无芽孢杆菌。该菌群主要来源于人畜粪便，故以此作为食品是否被粪便污染的指标菌，评价食品的卫生状况。

大肠菌群并非细菌学分类命名，不代表某一个属的细菌，而是指具有某些特性的一组与粪便污染有关的细菌，一般认为可包括大肠埃希菌属、柠檬酸杆菌属、产气克雷伯菌属和阴沟肠杆菌属等。

二、大肠菌群测定的意义

（1）判断食品是否受到粪便污染。

（2）间接判断食品是否有肠道致病菌污染的可能性，有利于控制肠道传染病的发生和流行。

（3）有利于控制食品在生产加工、运输、保存等过程中的卫生状况。

三、大肠菌群测定的基本原理

大肠菌群MPN法（第一法）是统计学和微生物学结合的一种定量检测法。最大可能数MPN（most probable number）是基于泊松分布的一种间接计数方法，MPN是对样品中活菌浓度的一种估计数。通过将待测样品经系列稀释并培养后，根据其未生长的最低稀释度与生长的最高稀释度，应用统计学概率论推算出待测样品中大肠菌群的最大可能数。

大肠菌群平板计数法（第二法）是利用大肠菌群在固体培养基中发酵乳糖产酸，在指示剂的作用下形成可计数的红色或紫色，同时带有或不带有沉淀环的菌落，并基于典型菌落的特征，进行菌落计数的方法。

四、大肠菌群测定方法

食品中大肠菌群测定依照GB 4789.3—2016《食品安全国家标准　食品微生物学检验　大肠菌群计数》进行。该标准第一法适用于大肠菌群含量较低的食品中大肠菌群的计数；第二法适用于大肠菌群含量较高的食品中大肠菌群的计数。

（一）实训准备

1.仪器和材料　除微生物实验室常规灭菌及培养设备外，其他设备和材料如下：恒温培养箱［（36±1）℃］、冰箱（2~5℃）、恒温水浴箱［（46±1）℃］、天平（感量为0.1g）、均质器、振荡器、无菌吸管（1mL，具0.01mL刻度；10mL，具0.1mL刻度）或微量移液器及吸头、无菌锥形瓶（容量500mL）、无菌培养皿（直径90mm）、pH计或pH比色管或精密pH试纸、放大镜或菌落计数器。

2.培养基和试剂　月桂基硫酸盐胰蛋白胨（LST）肉汤、煌绿乳糖胆盐（BGLB）肉汤、结晶紫中性红胆盐琼脂（VRBA）、无菌磷酸盐缓冲液、无菌生理盐水、1mol/L NaOH溶液、1mol/L HCl溶液。

（二）检验程序和操作步骤

1.大肠菌群MPN计数（第一法）　检验程序如图2-2所示。

（1）样品的稀释

1）稀释固体和半固体样品时，称取25g样品，放入盛有225mL磷酸盐缓冲液或生理盐水的无菌均质杯内，8000~10000r/min均质1~2分钟，或放入盛有225mL磷酸盐缓冲液或生理盐水的无菌均质袋中，用拍击式均质器拍打1~2分钟，制成1：10的样品匀液。

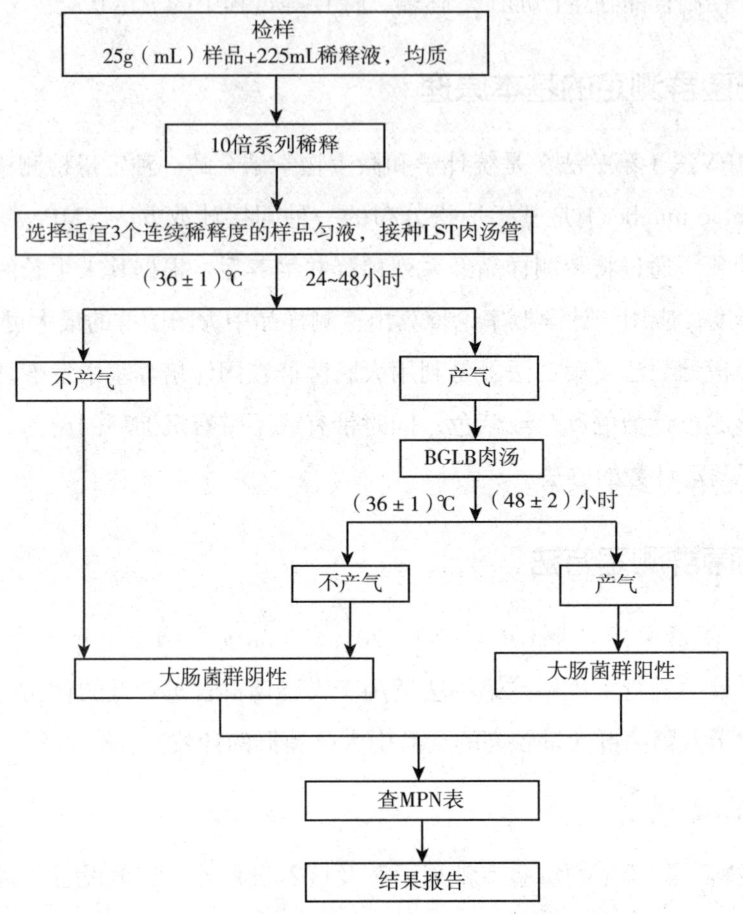

图2-2 大肠菌群MPN计数法的检验程序

2）稀释液体样品时，以无菌吸管吸取25mL样品置盛有225mL磷酸盐缓冲液或生理盐水的无菌锥形瓶（瓶内预置适当数量的无菌玻璃珠）或其他无菌容器中，充分振摇或置于机械振荡器中振摇，充分混匀，制成1：10的样品匀液。

3）样品匀液的pH应在6.5~7.5，必要时分别用1mol/L NaOH或1mol/L HCl调节。

4）用1mL无菌吸管或微量移液器吸取1：10样品匀液1mL，沿管壁缓缓注入9mL磷酸盐缓冲液或生理盐水的无菌试管（注意吸管或吸头尖端不要触及稀释液面），振摇试管或换用1支1mL无菌吸管反复吹打，使其混合均匀，制成1：100的样品匀液。

5）根据对样品污染状况的估计，按上述操作，依次制成10倍递增系列稀释样品匀液。每递增稀释1次，换用1支1mL无菌吸管或吸头。从制备样品匀液至样品接种完毕，全过程不得超过15分钟。

（2）初发酵试验　每个样品选择3个适宜的连续稀释度的样品匀液（液体样品可以选择原液），每个稀释度接种3管月桂基硫酸盐胰蛋白胨（LST）肉汤，每管接种1mL（如接种量超过1mL，则用双料LST肉汤），（36±1）℃培养（24±2）小时，观察倒管内是否有气泡产生，（24±2）小时产气者进行复发酵试验（证实试验），如未产气则继续培养至（48±2）小时，产气者进行复发酵试验。未产气者为大肠菌群阴性。

（3）复发酵试验（证实试验）　用接种环从产气的LST肉汤管中分别取培养物1环，移种于煌绿乳糖胆盐肉汤（BGLB）管中，（36±1）℃培养（48±2）小时，观察产气情况。产气者，计为大肠菌群阳性管。

（4）大肠菌群最可能数（MPN）的报告　记录经确证的大肠菌群BGLB阳性管数，检索MPN表（表2-1），报告每1g（mL）样品中大肠菌群的MPN值。

表2-1　大肠菌群最可能数MPN检索表

阳性管数			MPN	95%可信限		阳性管数			MPN	95%可信限	
0.10	0.01	0.001		下限	上限	0.10	0.01	0.001		下限	上限
0	0	0	<3.0	—	9.5	2	2	0	21	4.5	42
0	0	1	3.0	0.15	9.6	2	2	1	28	8.7	94
0	1	0	3.0	0.15	11	2	2	2	35	8.7	94
0	1	1	6.1	1.2	18	2	3	0	29	8.7	94
0	2	0	6.2	1.2	18	2	3	1	36	8.7	94
0	3	0	9.4	3.6	38	3	0	0	23	4.6	94
1	0	0	3.6	0.17	18	3	0	1	38	8.7	110
1	0	1	7.2	1.3	18	3	0	2	64	17	180
1	0	2	11	3.6	38	3	1	0	43	9	180
1	1	0	7.4	1.3	20	3	1	1	75	17	200
1	1	1	11	3.6	38	3	1	2	120	37	420
1	2	0	11	3.6	42	3	1	3	160	40	420
1	2	1	15	4.5	42	3	2	0	93	18	420
1	3	0	16	4.5	42	3	2	1	150	37	420
2	0	0	9.2	1.4	38	3	2	2	210	40	430
2	0	1	14	3.6	42	3	2	3	290	90	1000
2	0	2	20	4.5	42	3	3	0	240	42	1000
2	1	0	15	3.7	42	3	3	1	460	90	2000
2	1	1	20	4.5	42	3	3	2	1100	180	4100
2	1	2	27	8.7	94	3	3	3	>1100	420	—

注：①本表采用3个稀释度［0.1g（mL）、0.01g（mL）、0.001g（mL）］，每个稀释度接种3管；②表内所列举检样量如改用1g（mL）、0.1g（mL）和0.01g（mL）时，表内数字应相应降低10倍；如改用0.01g（mL）、0.001g（mL）和0.0001g（mL）时，则表内数字应相应增高10倍，其余类推。

2. 大肠菌群平板计数法（第二法） 大肠菌群平板计数法的检验程序如图2-3所示。

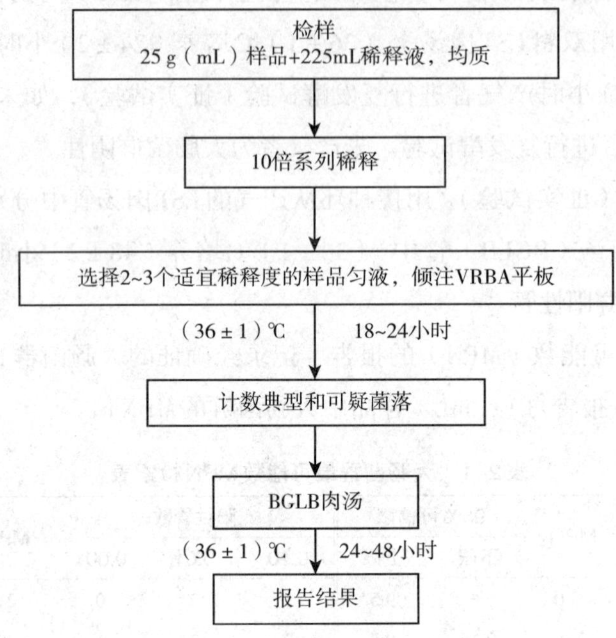

图2-3 大肠菌群平板计数法检验程序

（1）样品的稀释 平板计数法的样品稀释操作与大肠菌群MPN法（第一法）的样品稀释操作过程一致。

（2）平板计数

1）选取2~3个适宜的连续稀释度，每个稀释度接种2个无菌平皿，每皿1mL。同时取1mL生理盐水加入无菌平皿作空白对照。

2）及时将15~20mL融化并恒温至46℃的结晶紫中性红胆盐琼脂（VRBA）倾注于每个平皿中。小心旋转平皿，将培养基与样液充分混匀，待琼脂凝固后，再加3~4mL VRBA覆盖平板表层。翻转平板，置于（36±1）℃培养18~24小时。

（3）平板菌落数的选择 选取菌落数在15~150CFU之间的平板，分别计数平板上出现的典型和可疑大肠菌群菌落（如菌落直径较典型菌落小）。典型菌落为紫红色，菌落周围有红色的胆盐沉淀环，菌落直径为0.5mm或更大，最低稀释度平板低于15CFU的记录具体菌落数。

（4）证实试验 从VRBA平板上挑取10个不同类型的典型和可疑菌落，少于10个菌落的挑取全部典型和可疑菌落。分别移种于BGLB肉汤管内，（36±1）℃培养24~48小时，观察产气情况。凡BGLB管产气，即可报告为大肠菌群阳性。

（5）平板计数的报告 经最后证实为大肠菌群阳性的试管比例乘以步骤（3）中计数的平板菌落数，再乘以稀释倍数，即为每g（mL）样品中大肠菌群数。

示例：10^{-4}样品稀释液1mL，在VRBA平板上有100个典型和可疑菌落，挑取其中10个接种于BGLB管，证实有6个阳性管，则该样品的大肠菌群：$100 \times 6/10 \times 10^4$/g（mL）= 6.0×10^5CFU/g（mL）。若所有稀释度（包括液体样品原液）平板均无菌落生长，则以小于1乘以最低稀释倍数计算。

任务四 霉菌和酵母菌检验

一、霉菌

霉菌是一类丝状真菌的统称，通常被认为是“会引起物体霉变的真菌”。可形成分枝繁茂的菌丝体，但不产生大型肉质子实体结构。自然界中分布极为广泛，在土壤、空气、水体和生物体内外均有广泛分布。霉菌在食品工业中具有重要作用，可用于许多酿造发酵食品、食品原料的制造，如豆腐乳、豆豉、酱、酱油、柠檬酸等都是在霉菌的参与下生产加工而成。然而，大量真菌可引起工农业产品霉变，是植物最主要的传染病，还可引起动物和人体传染病，少数可产生毒性极强的真菌毒素如黄曲霉毒素，有一定的致癌作用。此外，霉菌常使食品失去色、香、味，并产生难闻的霉变异味。因此，霉菌也作为评价食品安全质量的指示菌，并以霉菌的计数来表示食品被污染的程度。

二、酵母菌

酵母是一类单细胞真核微生物，个体一般以单细胞状态存在，多数为出芽繁殖，也有裂殖。主要生在偏酸性的潮湿和含糖量较高的环境中。酵母菌是兼性厌氧菌，在有氧和无氧环境中均能生长。其中，在有氧情况下，可分解糖类产生二氧化碳和水。缺氧时，则将糖类物质分解为酒精和水。酵母菌在工业生产中具有重要应用，如在食品工业生产领域，酵母菌可广泛用于酿酒、制作面包、生产调味品等食品的生产；此外，酵母菌还可广泛用于酵母片、B族维生素、乳糖酶、脂肪酶、氨基酸等生产过程中。但是，酵母菌也可产生一定程度的危害，例如，腐生酵母菌能使食物、纺织品和其他原料腐败变质；少数耐高渗酵母菌如鲁氏酵母、蜂蜜酵母可使蜂蜜和果酱等败坏；有些酵母菌是发酵工业的污染菌，影响发酵产量和质量；有些酵母菌会引起人和植物的病害，例如白色假丝酵母（白色念珠菌）可引起皮肤、黏膜、呼吸道、消化道等的多种疾病。

三、霉菌和酵母菌检验方法

食品中霉菌和酵母菌的计数测定依照GB 4789.15—2016《食品安全国家标准　食品微生物学检验　霉菌和酵母计数》进行。本标准的霉菌和酵母平板计数法（第一法）适用于各类食品种霉菌和酵母菌的计数，霉菌直接镜检计数法（第二法）适用于番茄罐头、番茄汁中霉菌的计数。本书详细介绍霉菌和酵母平板计数法（第一法）。

（一）实训准备

1. 仪器和材料　除微生物实验室常规灭菌及培养设备外，其他设备和材料如下：恒温培养箱［(28±1)℃］、恒温水浴箱［(46±1)℃］、电子天平（感量为0.1g）、拍击式均质器及均质袋、旋涡混合器、无菌吸管（1mL，具0.01mL刻度；10mL，具0.1mL刻度）或微量移液器及吸头、无菌锥形瓶（容量500mL）、无菌试管（18mm×180mm）、无菌培养皿（直径90mm）。

2. 培养基和试剂　马铃薯葡萄糖琼脂、孟加拉红琼脂、磷酸盐缓冲液、生理盐水。

（二）检验程序

霉菌和酵母平板计数法检验程序如图2-4所示。

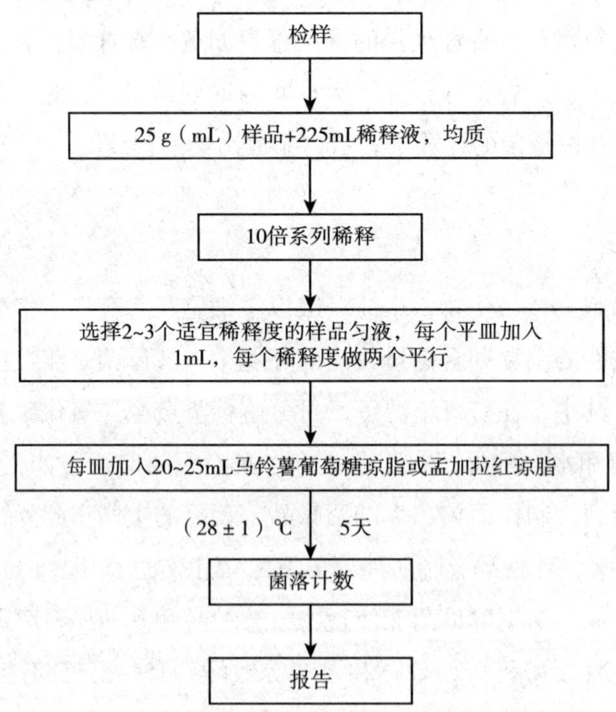

图2-4　霉菌和酵母平板计数法检验程序

（三）操作步骤

1. 样品的稀释

（1）稀释固体和半固体样品时，称取25g样品，加入225mL无菌稀释液（蒸馏水、生理盐水或磷酸盐缓冲液），充分振荡，或用拍击式均质器拍打1~2分钟，制成1∶10样品匀液。

（2）稀释液体样品时，以无菌吸管吸取25mL样品至盛有225mL无菌稀释液（蒸馏水、生理盐水或磷酸盐缓冲液）的适宜容器内（可在瓶内预置适当数量的无菌玻璃珠）或无菌均质袋中，充分振荡或用拍击均质器拍打1~2分钟，制成1∶10样品匀液。

（3）取1mL的1∶10样品匀液注入含有9mL无菌稀释液的试管中，另换用一支1mL无菌吸管反复吹吸，或在旋涡振荡器上混匀，此液为1∶100的样品匀液。重复此操作，制备10倍递增系列稀释样品匀液。每递增稀释一次，换用1支1mL无菌吸管。

（4）根据对样品污染状况的估计，选择2~3个适宜稀释度的样品匀液（液体样品可包括原液），在进行10倍梯度稀释的同时，每个稀释度分别吸取1mL样品匀液于2个无菌平皿内。同时分别取1mL无菌稀释液加入2个无菌平皿作空白对照。

（5）及时将20~25mL冷却至46℃的马铃薯葡萄糖琼脂或孟加拉红琼脂［可放置于（46±1）℃恒温水浴箱中保温］倾注平皿，并转动平皿使其混合均匀。置于水平台面待培养基完全凝固。

2. 培养 琼脂凝固后，正置平板，置（28±1）℃培养箱中培养，观察并记录培养至第5天的结果。

3. 菌落计数 用肉眼观察，必要时可用放大镜或低倍镜，记录稀释倍数和相应的霉菌和酵母菌落数。以菌落形成单位（CFU）表示。

选取菌落数在10~150CFU的平板，根据菌落形态分别计数霉菌和酵母。菌落蔓延生长覆盖整个平板的可记录为“菌落蔓延”。

4. 结果计算

（1）计算同一稀释度的两个平板菌落数的平均数，再将平均值乘以相应的稀释倍数。

（2）若有两个稀释度平板上菌落数均在10~150CFU之间，则按照GB 4789.2的相应规定进行计算。

（3）若所有平板上菌落数均大于150CFU，则对稀释度最高的平板进行计数，其他平板可记录为“多不可计”，结果按照平均菌落数乘以最高稀释度倍数计算。

（4）若所有平板上菌落数均小于10CFU，则应按稀释度最低的平均菌落数乘以稀释倍数计算。

（5）若所有稀释度（包括液体样品原液）平板均无菌落生长，则以小于1乘以最低稀释倍数计算。

（6）若所有稀释度的平板菌落数均不在10~150CFU之间，其中一部分小于10CFU或大于150CFU时，则以最接近10CFU或150CFU的平均菌落数乘以稀释倍数计算。

5.菌落数的报告

（1）菌落按“四舍五入”原则修约，菌落数在10以内时，采用一位有效数字报告；菌落数在10~100之间时，采用两位有效数字报告。

（2）菌落数大于等于100时，前第三位数字采用“四舍五入”原则修约后，取前两位数字，后面用0代替位数来表示结果；也可用10的指数形式表示，此时也按“四舍五入”原则修约，保留两位有效数字。

（3）若空白对照平板上有菌落出现，则此次检验结果无效。

（4）称重取样以CFU/g为单位报告，体积取样以CFU/mL为单位报告，报告或分别报告霉菌和（或）酵母数。

项目三　食品中常见致病菌检验技术

学习目标

通过本项目的学习，学生能够：

1. 掌握常见食源性致病菌：金黄色葡萄球菌、沙门菌、单核细胞增生李斯特菌、铜绿假单胞菌的检测原理及流程。

2. 正确解读食品微生物检验标准；熟练掌握食品中金黄色葡萄球菌、沙门菌、单核细胞增生李斯特菌、铜绿假单胞菌的检测，并报告。

3. 具有实验室生物安全意识、质量意识、环保意识，培养信息素养、科学探索精神、工匠精神；树立正确的劳动观和职业道德素养。

任务一　金黄色葡萄球菌检验

一、金黄色葡萄球菌

金黄色葡萄球菌（*Staphylococcus aureus*，*S.aureus*）作为最常见的食源性致病菌之一，与食品行业及医药领域的卫生和安全休戚相关。其广泛存在于自然界中，空气、土壤、水中均有分布，人和动物均具有较高的带菌率。正常人群的金黄色葡萄球菌的带菌率可达到30%~80%，健康人的咽喉、鼻腔、皮肤、头发等常带有该菌株，因此，使得该菌易经手或空气传播而污染食品，从而使食品在加工、贮藏以及运输的各个环节均有可能受其污染。

金黄葡萄球菌隶属于葡萄球菌属，生长条件为需氧或兼性厌氧，生命力比较顽强，干燥环境下仍能存活数周。同时，其具有高度的耐盐性，在含10%~15% NaCl环境中仍能保持良好的生长状态。此外，金黄色葡萄球菌还能够分解利用葡萄糖、麦芽糖、乳糖、蔗糖等物质进行生长。该菌为革兰阳性菌，电镜观察表明其呈葡萄串状排列，无芽孢、鞭毛，大多数无荚膜。其在普通营养琼脂平板上生长，菌落形态较厚、有光泽、圆形凸起，直径1~2mm。

金黄色葡萄球菌可以引起食物中毒，主要是因为该菌可产生肠毒素，食用了被肠毒素污染的食物，则可能会引起人类急性食物中毒。根据研究表明，当摄食0.2~1.0μg被产肠毒素金黄色葡萄球菌（10^6CFU/g）污染的食物，便可能会引起全身非特异性炎症反应，包括恶心、呕吐、恶寒、胃部痉挛、肺炎、伪膜性肠炎、心包炎等疾病，严重时甚至会导致败血症、脓毒症等全身性感染。因此，金黄色葡萄球菌对人类的健康可造成极大的潜在性威胁。

二、金黄色葡萄检验的基本原理

金黄色葡萄可产生多种毒素和酶。在血平板上生长时，因产生金黄色色素使菌落呈金黄色；由于产生溶血素使菌落周围形成大而透明的溶血圈。在Baird-Parker平板上生长时，因将亚碲酸钾还原成碲酸钾使菌落呈灰黑色；因产生脂酶使菌落周围有一浑浊带，而在其外层因产生蛋白水解酶使菌落带有一透明带。在肉汤中生长时，菌体可生成血浆凝固酶并释放于培养基中，此酶类似凝血酶原物质，可使血浆成凝固状态。

三、金黄色葡萄球菌检验方法

食品中金黄色葡萄球菌的检验依照GB 4789.10—2016《食品安全国家标准　食品微生物学检验　金黄色葡萄球菌检验》进行。本标准第一法适用于食品中金黄色葡萄球菌的定性检验；第二法适用于金黄色葡萄球菌含量较高的食品中金黄色葡萄球菌的计数；第三法适用于金黄色葡萄球菌含量较低的食品中金黄色葡萄球菌的计数。本书对第一法和第二法进行详细介绍。

（一）实训准备

1.仪器和材料　除微生物实验室常规灭菌及培养设备外，其他设备和材料如下：恒温培养箱[（36±1）℃]、冰箱（2~5℃）、恒温水浴箱（36~56℃）、电子天平（感量为0.1g）、均质器、振荡器、无菌吸管（1mL，具0.01mL刻度；10mL，具0.1mL刻度）或微量移液器及吸头、无菌锥形瓶（容量100mL、500mL）、无菌培养皿（直径90mm）、涂布棒、pH计或pH比色管或精密pH试纸。

2.培养基和试剂　7.5%氯化钠肉汤、血琼脂平板、Baird-Parker琼脂平板、脑心浸出液肉汤（BHI）、兔血浆、磷酸盐缓冲液、营养琼脂小斜面、革兰染色液、无菌生理盐水。

（二）检验程序和操作步骤

1.金黄色葡萄球菌定性检验（第一法）　检验程序如图3-1所示。

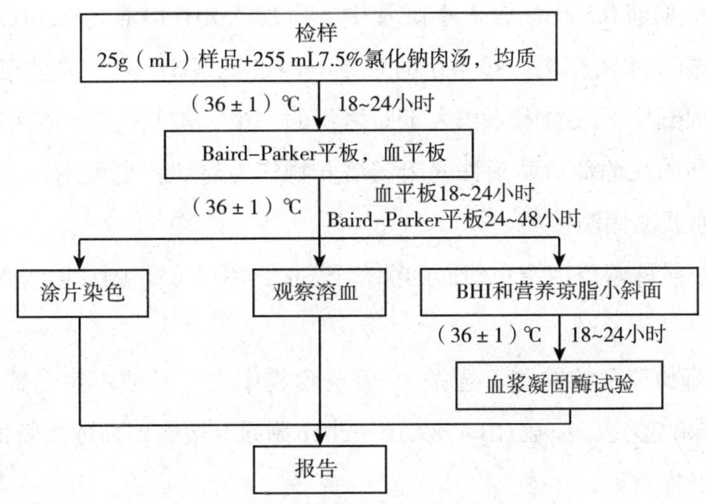

图3-1　金黄色葡萄球菌定性检验程序

（1）样品的处理　称取25g样品至盛有225mL 7.5%氯化钠肉汤的无菌均质杯内，8000~10000r/min均质1~2分钟，或放入盛有225mL7.5%氯化钠肉汤无菌均质袋中，用拍击式均质器拍打1~2分钟。若样品为液态，吸取25mL样品至盛有225mL 7.5%氯化钠肉汤的无菌锥形瓶（瓶内可预置适当数量的无菌玻璃珠）中，振荡混匀。

（2）增菌　将上述样品匀液于（36±1）℃培养18~24小时。金黄色葡萄球菌在7.5%氯化钠肉汤中呈混浊生长。

（3）分离　将增菌后的培养物，分别划线接种到Baird-Parker平板和血平板，血平板（36±1）℃培养18~24小时。Baird-Parker平板（36±1）℃培养24~48小时。

（4）初步鉴定　金黄色葡萄球菌在Baird-Parker平板上呈圆形，表面光滑、凸起、湿润、菌落直径为2~3mm，颜色呈灰黑色至黑色，有光泽，常有浅色（非白色）的边缘，周围绕以不透明圈（沉淀），其外常有一清晰带。当用接种针触及菌落时具有黄油样黏稠感。有时可见到不分解脂肪的菌株，除没有不透明圈和清晰带外，其他外观基本相同。从长期贮存的冷冻或脱水食品中分离的菌落，其黑色常较典型菌落浅些，且外观可能较粗糙，质地较干燥。在血平板上，形成菌落较大，圆形、光滑凸起、湿润、金黄色（有时为白色），菌落周围可见完全透明溶血圈。挑取上述可疑菌落进行革兰染色镜检及血浆凝固酶试验。

（5）确证鉴定

1）染色镜检：金黄色葡萄球菌为革兰阳性球菌，排列呈葡萄球状，无芽孢，无荚膜，直径为0.5~1μm。

2）血浆凝固酶试验：挑取Baird-Parker平板或血平板上至少5个可疑菌落（小于5个全选），分别接种到5mL BHI和营养琼脂小斜面，（36±1）℃培养18~24小时。

取新鲜配制兔血浆0.5mL，放入小试管中，再加入BHI培养物0.2~0.3mL，振荡摇匀，置（36±1）℃温箱或水浴箱内，每半小时观察一次，观察6小时，如呈现凝固（将试管倾斜或倒置时，呈现凝块）或凝固体积大于原体积的一半，被判定为阳性结果。同时以血浆凝固酶试验阳性和阴性葡萄球菌菌株的肉汤培养物作为对照。也可用商品化的试剂，按说明书操作，进行血浆凝固酶试验。

结果如可疑，挑取营养琼脂小斜面的菌落到5mL BHI，（36±1）℃培养18~24小时，重复试验。

（6）葡萄球菌肠毒素的检验（选做） 可疑食物中毒样品或产生葡萄球菌肠毒素的金黄色葡萄球菌菌株的鉴定，应按GB 4789.10—2016附录B检测葡萄球菌肠毒素。

（7）结果与报告

1）结果判定：符合初步鉴定、确证鉴定的结果，可判定为金黄色葡萄球菌。

2）结果报告：在25g（mL）样品中检出或未检出金黄色葡萄球菌。

2. 金黄色葡萄球菌平板计数法（第二法） 检验程序如图3-2所示。

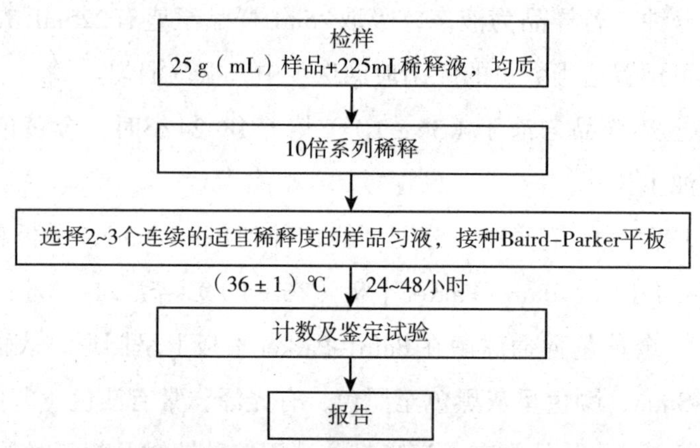

图3-2 金黄色葡萄球菌平板计数法检验程序

（1）样品的稀释

1）固体和半固体样品：称取25g样品置于盛有225mL磷酸盐缓冲液或生理盐水的无菌均质杯内，8000~10000r/min均质1~2分钟，或置于盛有225mL稀释液的无菌均质袋中，用拍击式均质器拍打1~2分钟，制成1：10的样品匀液。

2）液体样品：以无菌吸管吸取25mL样品置于盛有225mL磷酸盐缓冲液或生理盐水的无菌锥形瓶（瓶内预置适当数量的无菌玻璃珠）中，充分混匀，制成1：10的样品匀液。

用1mL无菌吸管或微量移液器吸取1：10样品匀液1mL，沿管壁缓慢注于盛有9mL磷酸盐缓冲液或生理盐水的无菌试管中（注意吸管或吸头尖端不要触及稀释液面），振摇试管或换用1支1mL无菌吸管反复吹打使其混合均匀，制成1：100的样品匀液。

按上述操作程序，制备10倍系列稀释样品匀液。每递增稀释一次，换用1次1mL无菌吸管或吸头。

（2）样品的接种　根据对样品污染状况的估计，选择2~3个适宜稀释度的样品匀液（液体样品可包括原液），在进行10倍递增稀释的同时，每个稀释度分别吸取1mL样品匀液以0.3mL、0.3mL、0.4mL接种量分别加入3块Baird-Parker平板，然后用无菌涂布棒涂布整个平板，注意不要触及平板边缘。使用前，如Baird-Parker平板表面有水珠，可放在25~50℃的培养箱里干燥，直到平板表面的水珠消失。

（3）培养　在通常情况下，涂布后，将平板静置10分钟，如样液不易吸收，可将平板放在培养箱（36±1）℃培养1小时；等样品匀液吸收后翻转平板，倒置后于（36±1）℃培养24~48小时。

（4）典型菌落计数和确认　金黄色葡萄球菌在Baird-Parker平板上呈圆形，表面光滑、凸起、湿润、菌落直径为2~3mm，颜色呈灰黑色至黑色，有光泽，常有浅色（非白色）的边缘，周围绕以不透明圈（沉淀），其外常有一清晰带。当用接种针触及菌落时具有黄油样黏稠感。有时可见到不分解脂肪的菌株，除没有不透明圈和清晰带外，其他外观基本相同。从长期贮存的冷冻或脱水食品中分离的菌落，其黑色常较典型菌落浅些，且外观可能较粗糙，质地较干燥。

选择有典型的金黄色葡萄球菌菌落的平板，且同一稀释度3个平板所有菌落数合计在20~200CFU之间的平板，计数典型菌落数。

从典型菌落中至少选5个可疑菌落（小于5个全选）进行鉴定试验。分别做染色镜检，血浆凝固酶试验；同时划线接种到血平板（36±1）℃培养18~24小时后观察菌落形态，金黄色葡萄球菌菌落较大，圆形、光滑凸起、湿润、金黄色（有时为白色），菌落周围可见完全透明溶血圈。

（5）结果计算

1）若只有一个稀释度平板的典型菌落数在20~200CFU之间，计数该稀释度平板上的典型菌落，按公式（3-1）计算。

2）若最低稀释度平板的典型菌落数小于20CFU，计数该稀释度平板上的典型菌落，按公式（3-1）计算。

3）若某一稀释度平板的典型菌落数大于200CFU，但下一稀释度平板上没有典型菌落，计数该稀释度平板上的典型菌落，按公式（3-1）计算。

4）若某一稀释度平板的典型菌落数大于200CFU，而下一稀释度平板上虽有典型菌落但不在20~200CFU范围内，应计数该稀释度平板上的典型菌落，按公式（3–1）计算。

5）若2个连续稀释度的平板典型菌落数均在20~200CFU之间，按公式（3–2）计算。

$$T = \frac{AB}{Cd} \tag{3–1}$$

式中，T为样品中金黄色葡萄球菌菌落数；A为某一稀释度典型菌落的总数；B为某一稀释度鉴定为阳性的菌落数；C为某一稀释度用于鉴定试验的菌落数；d为稀释因子。

$$T = \frac{A_1B_1/C_1 + A_2B_2/C_2}{1.1d} \tag{3–2}$$

式中，T为样品中金黄色葡萄球菌菌落数；A_1为第一稀释度（低稀释倍数）典型菌落的总数；B_1为第一稀释度（低稀释倍数）鉴定为阳性的菌落数；C_1为第一稀释度（低稀释倍数）用于鉴定试验的菌落数；A_2为第二稀释度（高稀释倍数）典型菌落的总数；B_2为第二稀释度（高稀释倍数）鉴定为阳性的菌落数；C_2为第二稀释度（高稀释倍数）用于鉴定试验的菌落数；1.1为计算系数；d为稀释因子（第一稀释度）。

（6）报告　根据以上公式计算结果，报告每1g（mL）样品中金黄色葡萄球菌数，以CFU/g（mL）表示；如T值为0，则以小于1乘以最低稀释倍数报告。

任务二　沙门菌检验

一、沙门菌

沙门菌属（*Salmonella*）是一群寄居在人类和动物肠道中，形态、生化特性上相似的革兰阴性杆菌，是一种重要的肠道致病菌，可引起急性胃肠炎症状，包括恶心、呕吐、腹痛、腹泻和发热等。据世界卫生组织统计，每年大约有1600万病例感染沙门菌，导致死亡人数约为60万。该菌广泛分布于自然界，且在人和动物间广泛传播。所有的温血动物和许多冷血动物都是沙门菌的宿主或潜在宿主。这些带菌动物构成了动物性食品中沙门菌的主要来源，如各种肉类、蛋类、家禽、水产类及乳类均是易被该菌所污染的食品。

二、沙门菌检验的基本原理

沙门菌属是肠道杆菌科中最重要的病原菌属，是引起人类和动物发病及食物中毒的主要病原菌之一。从食品中分离和鉴定沙门菌，当前通用的检验方法分5个步骤。

（1）前增菌食品中沙门菌的含量较少，且常由于食品加工过程使其受到损伤而处于濒死状态。用非选择性培养基使食品样品中处于濒死状态的沙门菌恢复到稳定的生理状态和活力。

（2）选择性增菌在含选择性抑制剂的促生长培养基中，使样品进一步增菌。此时，选择性培养基仅允许沙门菌持续增殖，而阻止大多数其他细菌的增殖。

（3）选择性平板分离采用固体选择性培养基，抑制非沙门菌生长，提供肉眼可见的疑似沙门菌纯菌落的识别。

（4）生化鉴定排除大多数非沙门菌，也提供了沙门菌培养物菌属的初步鉴定。

（5）血清学分型技术提供了培养物菌种的鉴定。

三、沙门菌检验方法

食品中沙门菌的检验依照GB 4789.4–2016《食品安全国家标准　食品微生物学检验　沙门菌检验》进行。本标准适用于食品中沙门菌的检验。

（一）实训准备

1.仪器和材料　除微生物实验室常规灭菌及培养设备外，其他设备和材料如下：恒温培养箱［（36±1）℃，（42±1）℃］、冰箱（2~5℃）、电子天平（感量为0.1g）、均质器、振荡器、无菌吸管（1mL，具0.01mL刻度；10mL，具0.1mL刻度）或微量移液器及吸头、无菌锥形瓶（容量100mL、500mL）、无菌培养皿（直径60mm，90mm）、pH计或pH比色管或精密pH试纸、无菌试管（3mm×50mm，10mm×75mm）、无菌毛细管、全自动微生物生化鉴定系统。

2.培养基和试剂　缓冲蛋白胨水（BPW），四硫磺酸钠煌绿（TTB）增菌液，亚硒酸盐胱氨酸（SC）增菌液，亚硫酸铋（BS）琼脂，HE琼脂，木糖赖氨酸脱氧胆盐（XLD）琼脂，沙门菌属显色培养基，三糖铁（TSI）琼脂，蛋白胨水，靛基质试剂，尿素琼脂（pH 7.2），氰化钾（KCN）培养基，赖氨酸脱羧酶试验培养基，糖发酵管，邻硝基酚β–D半乳糖苷（ONPG）培养基，半固体琼脂，丙二酸钠培养基，沙门菌O、H和Vi诊断血清，生化鉴定试剂盒。

（二）检验程序

沙门菌检验程序如图3–3所示。

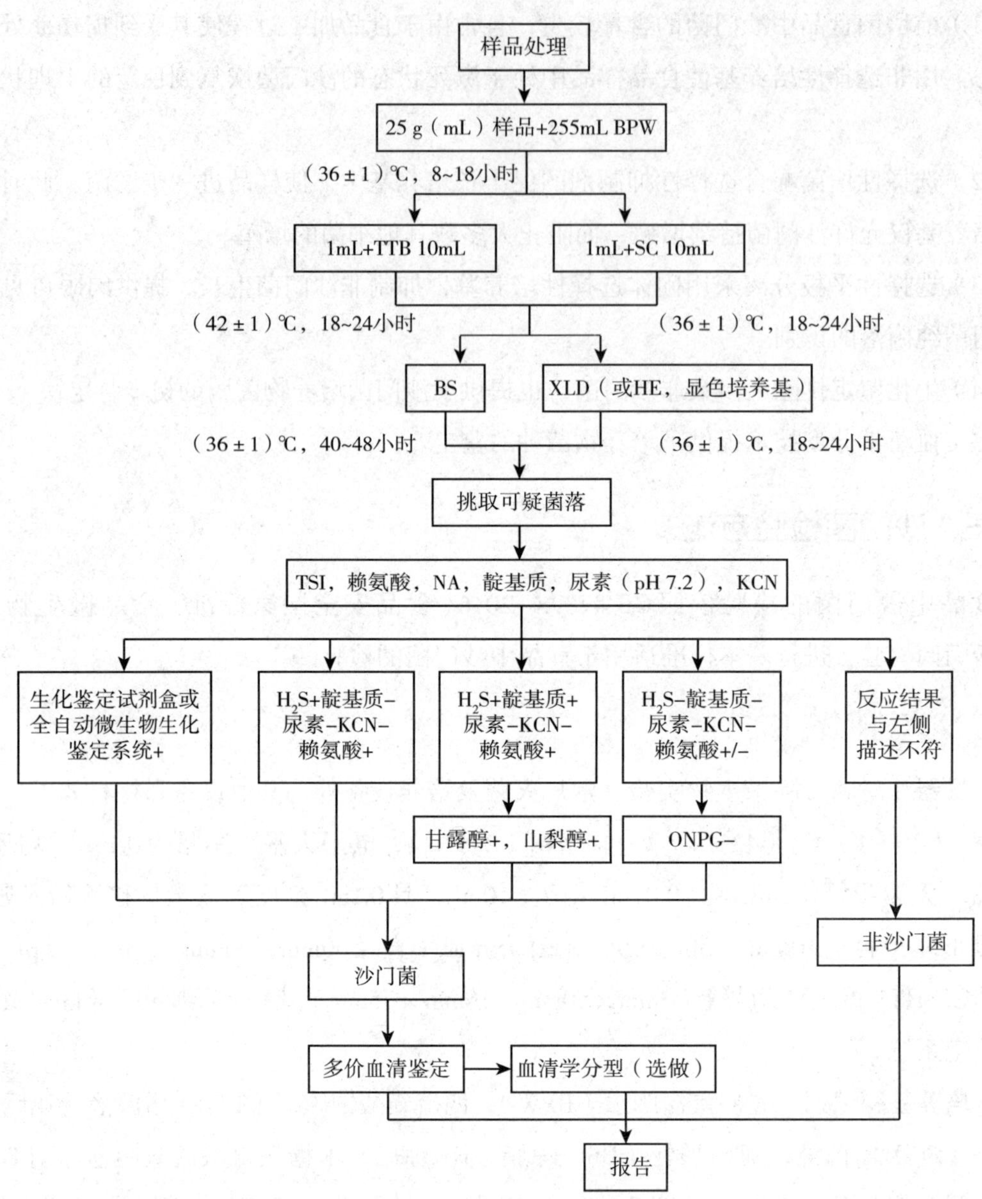

图3-3　沙门菌检验程序

（三）操作步骤

1.预增菌　无菌称取25g（mL）样品，置于盛有225mL缓冲蛋白胨水（BPW）的无菌均质杯或合适容器内，以8000~10000r/min均质1~2分钟，或置于盛有225mL BPW的无菌均质袋中，用拍击式均质器拍打1~2分钟。若样品为液态，不需要均质，振荡混匀。如需调整pH，用1mol/L无菌NaOH或HCl调pH至6.8±0.2。无菌操作将样品转至500mL锥形瓶或其他合适容器内（如均质杯本身具有无孔盖，可不转移样品），如适用均质袋，可直接进行培养，于（36±1）℃培养8~18小时。

如为冷冻产品，应在45℃以下不超过15分钟，或2~5℃不超过18小时解冻。

2.增菌　轻轻摇动培养过的样品混合物，移取1mL，转种于10mL TTB内，于（42±1）℃培养18~24小时。同时，另取1mL，转种于10mL SC内，于（36±1）℃培养18~24小时。

3.分离　分别用直径3mm的接种环取增菌液1环，划线接种于一个BS琼脂平板和一个XLD琼脂平板（或HE琼脂平板或沙门菌属显色培养基平板）。于（36±1）℃分别培养18~24小时（XLD琼脂平板、HE琼脂平板、沙门菌属显色培养基平板）或40~48小时（BS琼脂平板）。观察各个平板上生长的菌落，各个平板上的菌落特征见表3-1。

表3-1　沙门菌属在不同选择性琼脂平板上的菌落特征

选择性琼脂平板	沙门菌
BS琼脂	菌落为黑色有金属光泽、棕褐色或灰色，菌落周围培养基可呈黑色或棕色；有些菌株形成灰绿色的菌落，周围培养基不变
HE琼脂	蓝绿色或蓝色，多数菌落中心黑色或几乎全黑色；有些菌株为黄色，中心黑色或几乎全黑色
XLD琼脂	菌落呈粉红色，带或不带黑色中心，有些菌株可呈现大的带光泽的黑色中心，或呈现全部黑色的菌落；有些菌株为黄色菌落，带或不带黑色中心
沙门菌属显色培养基	按照显色培养基的说明进行判定

4.生化试验

（1）自选择性琼脂平板上分别挑取2个以上典型或可疑菌落，接种三糖铁（TSI）琼脂，先在斜面划线，再于底层穿刺；接种针不要灭菌，直接接种赖氨酸脱羧酶试验培养基和营养琼脂平板，于（36±1）℃培养18~24小时，必要时可延长至48小时，在三糖铁（TSI）琼脂和赖氨酸脱羧酶试验培养基内，沙门菌属的反应结果见表3-2。

表3-2　沙门菌属在三糖铁琼脂和赖氨酸脱羧酶试验培养基内的反应结果

三糖铁琼脂				赖氨酸脱羧酶试验培养基	初步判断
斜面	底层	产气	硫化氢		
K	A	+(-)	+(-)	+	可疑沙门菌属
K	A	+(-)	+(-)	-	可疑沙门菌属
A	A	+(-)	+(-)	+	可疑沙门菌属
A	A	+/-	+/-	-	非沙门菌
K	K	+/-	+/-	+/-	非沙门菌

注：K，产碱；A，产酸；+，阳性；-，阴性；+(-)，多数阳性、少数阴性；+/-，阳性或阴性。

（2）接种三糖铁琼脂和赖氨酸脱羧酶试验培养基的同时，可直接接种蛋白胨水（供做靛基质试验）、尿素琼脂（pH 7.2）、氰化钾（KCN）培养基，也可在初步判断结果后从营养琼脂平板上挑取可疑菌落接种。于（36±1）℃培养18~24小时，必要时可延长至48小时，按表3-3判定结果。将已挑菌落的平板储存于2~5℃或室温至少保留24小时，以备必要时复查。

表3-3　沙门菌属生化反应初步鉴别表

反应序号	硫化氢（H_2S）	靛基质	pH 7.2尿素	氰化钾（KCN）	赖氨酸脱羧酶
A1	+	–	–	–	+
A2	+	+	–	–	+
A3	–	–	–	–	+/–

注：+，阳性；–，阴性；+/–，阳性或阴性。

1）反应序号A1：典型反应判定为沙门菌属。如尿素、KCN和赖氨酸脱羧酶3项中有1项异常，按表3-4可判定为沙门菌；如有2项异常为非沙门菌。

表3-4　沙门菌属生化反应初步判定表

pH 7.2尿素	氰化钾（KCN）	赖氨酸脱羧酶	判定结果
–	–	–	甲型副伤寒沙门菌（要求血清学鉴定结果）
–	+	+	沙门菌Ⅳ或Ⅴ（要求符合本群生化特性）
+	–	+	沙门菌个别变体（要求血清学鉴定结果）

注：+，阳性；–，阴性。

2）反应序号A2：补做甘露醇和山梨醇试验，沙门菌靛基质阳性变体两项试验结果均为阳性，但需要结合血清学鉴定结果进行判定。

3）反应序号A3：补做ONPG。ONPG阴性为沙门菌，同时赖氨酸脱羧酶阳性，甲型副伤寒沙门菌为赖氨酸脱羧酶阴性。

4）必要时按表3-5进行沙门菌生化群的鉴别。

表3-5　沙门菌属各生化群的鉴别

项目	Ⅰ	Ⅱ	Ⅲ	Ⅳ	Ⅴ	Ⅵ
卫矛醇	+	+	–	–	+	–
山梨醇	+	+	+	+	+	–
水杨苷	–	–	–	+	–	–
ONPG	–	–	+	–	+	–
丙二酸盐	–	+	+	–	–	–

续表

项目	Ⅰ	Ⅱ	Ⅲ	Ⅳ	Ⅴ	Ⅵ
KCN	-	-	-	+	+	-

注：+，阳性；-，阴性。

（3）如选择生化鉴定试剂盒或全自动微生物生化鉴定系统，可根据生化试验（1）的初步判断结果，从营养琼脂平板上挑取可疑菌落，用生理盐水制备成浊度适当的菌悬液，使用生化鉴定试剂盒或全自动微生物生化鉴定系统进行鉴定。

5. 血清学鉴定

（1）检查培养物有无自凝性　一般采用1.2%~1.5%琼脂培养物作为玻片凝集试验用的抗原。首先排除自凝集反应，在洁净的玻片上滴加一滴生理盐水，将待试培养物混合于生理盐水滴内，使成为均一性的混浊悬液，将玻片轻轻摇动30~60秒，在黑色背景下观察反应（必要时用放大镜观察），若出现可见的菌体凝集，即认为有自凝性，反之无自凝性。对无自凝的培养物参照下面方法进行血清学鉴定。

（2）多价菌体抗原（O）鉴定　在玻片上划出2个约1cm×2cm的区域，挑取1环待测菌，各放1/2环于玻片上的每一区域上部，在其中一个区域下部加1滴多价菌体（O）抗血清，在另一区域下部加入1滴生理盐水，作为对照。再用无菌的接种环或接种针分别将两个区域内的菌苔研成乳状液。将玻片倾斜摇动混合1分钟，并对着黑暗背景进行观察，任何程度的凝集现象皆为阳性反应。O血清不凝集时，将菌株接种在琼脂量较高的（如2%~3%）培养基上再检查；如果是由于Vi抗原的存在而阻止了O凝集反应时，可挑取菌苔于1mL生理盐水中做成浓菌液，于酒精灯火焰上煮沸后再检查。

（3）多价鞭毛抗原（H）鉴定　操作同血清学鉴定（2）。H抗原发育不良时，将菌株接种在0.55%~0.65%半固体琼脂平板的中央，待菌落蔓延生长时，在其边缘部分取菌检查；或将菌株通过接种装有0.3%~0.4%半固体琼脂的小玻管1~2次，自远端取菌培养后再检查。

6. 血清学分型（选做）　可根据需要依据GB 4789.4—2016进行血清学分型鉴定。

7. 结果与报告　综合以上生化试验和血清学鉴定的结果，报告25g（mL）样品中检出或未检出沙门菌。

任务三　单核细胞增生李斯特菌检验

一、单核细胞增生李斯特菌

单核细胞增生李斯特菌（*Listeria monocytogenes*）是一种人畜共患病的病原菌。广泛存在于自然界中，土壤、地表水、污水、废水、青储饲料、动植物及其食品中均有该菌存在，所以动物很容易食入该菌，并通过口腔—粪便的途径进行传播。

流行病学研究表明：鲜奶、巴氏消毒奶、奶酪（尤其软奶酪）、冰激凌、生的蔬菜、发酵过的生肉制作的香肠、生的和加工过的禽肉、各种生的肉类、生的和烟熏的鱼肉都可能被单核细胞增生李斯特菌所污染。据报道，有1%~10%的人类肠道中存在单核细胞增生李斯特菌，4%~8%的水产品、5%~10%的奶及其产品、30%以上的肉制品及15%以上的家禽均可能被该菌污染。

单核细胞增生李斯特菌主要以食物为传染媒介，是最致命的食源性病原菌之一。感染后健康成人个体可出现轻微类似流感症状，新生儿、孕妇、免疫缺陷者表现为呼吸急促、呕吐、出血性皮疹、化脓性结膜炎、发热、抽搐、昏迷、自然流产或死婴、脑膜炎、败血症直至死亡。因该菌在4℃的环境中仍可生长繁殖，所以是冷藏食品威胁人类健康的主要病原菌之一。

二、单核细胞增生李斯特菌检验方法

食品中单核细胞增生李斯特菌依照GB 4789.30—2016《食品安全国家标准　食品微生物学检验　单核细胞增生李斯特菌检验》进行。

国家标准中第一法适用于食品中单核细胞增生李斯特菌的定性检验；第二法适用于单核细胞增生李斯特菌含量较高的食品中单核细胞增生李斯特菌的计数；第三法适用于单核细胞增生李斯特菌含量较低（<100CFU/g）而杂菌含量较高的食品中单核细胞增生李斯特菌的计数，特别是牛奶、水以及含干扰菌落计数的颗粒物质的食品。本书详细介绍国家标准中的第一法。

（一）实训准备

1.仪器和材料　除微生物实验室常规灭菌及培养设备外，其他设备和材料如下：冰箱（2~5℃）、恒温培养箱［（30±1）℃，（36±1）℃］、均质器、显微镜（10×~100×）、电子天平（感量为0.1g）、锥形瓶（容量100mL、500mL）、无菌吸管（1mL，具0.01mL刻度；10mL，具0.1mL刻度）或微量移液器及吸头、无菌培养皿（直径90mm）、无菌试管（16mm×160mm）、离心管（30mm×100mm）、无菌注射器（1mL）。

单核细胞增生李斯特菌ATCC19111或CMCC54004，或其他等效标准菌株；英诺克李斯特菌ATCC33090，或其他等效标准菌株；伊氏李斯特菌ATCC19119，或其他等效标准菌株；斯氏李斯特菌ATCC35967，或其他等效标准菌株；金黄色葡萄球菌ATCC25923或其他产β-溶血环金葡菌，或其他等效标准菌株；马红球菌ATCC6939或NCTC1621，或其他等效标准菌株。

小白鼠（ICR体重18~22g）。

全自动微生物生化鉴定系统。

2.培养基和试剂　含0.6%酵母浸膏的胰酪胨大豆肉汤（TSB-YE）、含0.6%酵母浸膏的胰酪胨大豆琼脂（TSA-YE）、李氏增菌肉汤LB（LB_1，LB_2）、1%盐酸吖啶黄（acriflavine HCl）溶液、1%萘啶酮酸钠盐（naladixic acid）溶液、PALCAM琼脂、革兰染液、SIM动力培养基、缓冲葡萄糖蛋白胨水［甲基红（MR）和V-P试验用］、5%~8%羊血琼脂、糖发酵管、过氧化氢试剂、李斯特菌显色培养基、生化鉴定试剂盒或全自动微生物鉴定系统、缓冲蛋白胨水。

（二）检验程序

单核细胞增生李斯特菌定性检验程序如图3-4所示。

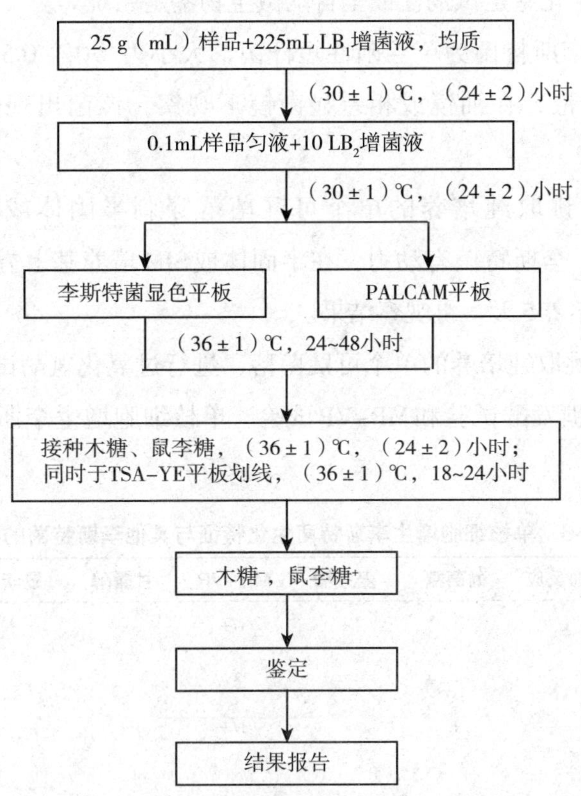

图3-4　单核细胞增生李斯特菌定性检验程序

（三）操作步骤

1.增菌 以无菌操作取样品25g（mL）加入含有225mL LB_1增菌液的均质袋中，在拍击式均质器上连续均质1~2分钟；或放入盛有225mL LB_1增菌液的均质杯中，以8000~10000r/min均质1~2分钟。于（30±1）℃培养（24±2）小时，移取0.1mL，转种于10mL LB_2增菌液内，于（30±1）℃培养（24±2）小时。

2.分离 取LB_2二次增菌液划线接种于李斯特菌显色平板和PALCAM琼脂平板，于（36±1）℃培养24~48小时，观察各个平板上生长的菌落。典型菌落在PALCAM琼脂平板上为小的圆形灰绿色菌落，周围有棕黑色水解圈，有些菌落有黑色凹陷；在李斯特菌显色平板上的菌落特征，参照产品说明进行判定。

3.初筛 自选择性琼脂平板上分别挑取3~5个典型或可疑菌落，分别接种木糖、鼠李糖发酵管，于（36±1）℃培养（24±2）小时，同时在TSA-YE平板上划线，于（36±1）℃培养18~24小时，然后选择木糖阴性、鼠李糖阳性的纯培养物继续进行鉴定。

4.鉴定 或选择生化鉴定试剂盒或全自动微生物鉴定系统等。

（1）染色镜检 李斯特菌为革兰阳性短杆菌，大小为（0.4~0.5μm）×（0.5~2.0μm）；用生理盐水制成菌悬液，在油镜或相差显微镜下观察，该菌出现轻微旋转或翻滚样的运动。

（2）动力试验 挑取纯培养的单个可疑菌落穿刺半固体或SIM动力培养基，于25~30℃培养48小时，李斯特菌有动力，在半固体或SIM培养基上方呈伞状生长，如伞状生长不明显，可继续培养5天，再观察结果。

（3）生化鉴定 挑取纯培养的单个可疑菌落，进行过氧化氢酶试验，过氧化氢酶阳性反应的菌落继续进行糖发酵试验和MR-VP试验。单核细胞增生李斯特菌的主要生化特征见表3-6。

表3-6 单核细胞增生李斯特菌生化特征与其他李斯特菌的区别

菌种	溶血反应	葡萄糖	麦芽糖	MR-VP	甘露醇	鼠李糖	木糖	七叶苷
单核细胞增生李斯特菌（*L.monocytogenes*）	+	+	+	+/+	−	+	−	+
格氏李斯特菌（*L.grayi*）	−	+	+	+/+	+	−	−	+
斯氏李斯特菌（*L.seeligeri*）	+	+	+	+/+	−	−	+	+
威氏李斯特菌（*L.welshimeri*）	−	+	+	+/+	−	V	+	+

续表

菌种	溶血反应	葡萄糖	麦芽糖	MR-VP	甘露醇	鼠李糖	木糖	七叶苷
伊氏李斯特菌（*L.ivanovii*）	+	+	+	+/+	-	-	+	+
英诺克李斯特菌（*L.innocua*）	-	+	+	+/+	-	V	-	+

注：+，阳性；-，阴性；V，反应不定。

（4）溶血试验　将新鲜的羊血琼脂平板底面划分为20~25个小格，挑取纯培养的单个可疑菌落刺种到血平板上，每格刺种一个菌落，并刺种阳性对照菌（单增李斯特菌、伊氏李斯特菌和斯氏李斯特菌）和阴性对照菌（英诺克李斯特菌），穿刺时尽量接近底部，但不要触到底面，同时避免琼脂破裂，（36±1）℃培养24~48小时，于明亮处观察，单增李斯特菌呈现狭窄、清晰、明亮的溶血圈，斯氏李斯特菌在刺种点周围产生弱的透明溶血圈，英诺克李斯特菌无溶血圈，伊氏李斯特菌产生宽的、轮廓清晰的β-溶血区域，若结果不明显，可置4℃冰箱24~48小时再观察。

注：也可用划线接种法。

（5）协同溶血试验cAMP（选做）　在羊血琼脂平板上平行划线接种金黄色葡萄球菌和马红球菌，挑取纯培养的单个可疑菌落垂直划线接种于平行线之间，垂直线两端不要触及平行线，距离1~2mm，同时接种单核细胞增生李斯特菌、英诺克李斯特菌、伊氏李斯特菌和斯氏李斯特菌，于（36±1）℃培养24~48小时。单核细胞增生李斯特菌在靠近金黄色葡萄球菌处出现约2mm的β-溶血增强区域，斯氏李斯特菌也出现微弱的溶血增强区域，伊氏李斯特菌在靠近马红球菌处出现5~10mm的“箭头状”β-溶血增强区域，英诺克李斯特菌不产生溶血现象。若结果不明显，可置4℃冰箱24~48小时再观察。

注：5%~8%的单核细胞增生李斯特菌在马红球菌一端有溶血增强现象。

5.小鼠毒力试验（选做）　将符合上述特性的纯培养物接种于TSB-YE中，于（36±1）℃培养24小时，4000r/min离心5分钟，弃上清液，用无菌生理盐水制备成浓度为10^{10}CFU/mL的菌悬液，取此菌悬液对3~5只小鼠进行腹腔注射，每只0.5mL，同时观察小鼠死亡情况。接种致病株的小鼠于2~5天内死亡。试验设单增李斯特菌致病株和灭菌生理盐水对照组。单核细胞增生李斯特菌、伊氏李斯特菌对小鼠有致病性。

6.结果与报告　综合以上生化试验和溶血试验的结果，报告25g（mL）样品中检出或未检出单核细胞增生李斯特菌。

任务四　饮用水中铜绿假单胞菌检验

一、铜绿假单胞菌

假单胞菌属是一类氧化酶阳性，动力阳性，专性需氧的非发酵革兰阴性无芽孢杆菌，主要包括铜绿假单胞菌、荧光假单胞菌和恶臭假单胞菌等。其中，铜绿假单胞菌（*Pseudomonas aeruginosa*，*P. aeruginosa*）是假单胞菌属的代表菌种。该菌首次由Gessard于1882年从伤口脓液中分离出来，伤口与创面呈绿色，故名绿脓杆菌。

铜绿假单胞菌是一种非发酵革兰阴性无芽孢杆菌，菌体细长且长短不一，有时呈球杆状或线状，成对或短链状排列。菌体的一端有单鞭毛，可以运动。固体培养基上培养所形成的菌落呈边缘不整，扁平，湿润，常相互融合，周围琼脂被水溶色素染成蓝绿色或黄绿色的特征。在肉汤中培养生长可形成菌膜，肉汤微浑或透明，菌液上层可呈蓝绿色。同时，该菌具有在42℃生长，但在4℃不生长的特征。

铜绿假单胞菌广泛分布于土壤、水、空气、食品（鱼、肉、蛋、乳）、人及动物机体皮肤及肠道中，易于在潮湿污秽的地方繁殖。是水源和食源性条件致病菌。国内食品微生物污染监测情况显示，铜绿假单胞菌在饮用水、桶装水、纯净水、矿泉水中检出率最高，相关报道显示，瓶装天然矿泉水中铜绿假单胞菌的检出率1.2%~23.6%，瓶装饮用纯净水中铜绿假单胞菌的检出率可达11.6%。

铜绿假单胞菌对长期大量使用抗生素、大面积烧伤、机体免疫功能低下者，会引起皮肤黏膜感染、肺炎、脑膜炎、败血症等。此外，还可引起婴幼儿严重的流行性腹泻及成人盲肠炎或直肠脓肿。

二、饮用水中铜绿假单胞菌检验的基本原理

饮用水中铜绿假单胞菌的检验采用滤膜法。将250mL水样用孔径为0.45μm的亲水性微孔滤膜过滤，并将滤膜移至CN琼脂培养基上，于（36±1）℃恒温箱中培养20~48小时，菌落在CN琼脂上生长产绿脓菌素并呈蓝色或绿色；菌落在CN琼脂上呈非蓝色且非绿色，但发荧光，并能够利用乙酰胺产氨，42℃生长；菌落在CN琼脂上呈红褐色不发荧光，但在金氏B培养基上生长发荧光，氧化酶反应阳性，能够利用乙酰胺产氨。符合上述三类现象之一均可确证为铜绿假单胞菌，则其检测结果为阳性，报告每250mL水样中铜绿假单胞菌数。

三、饮用水中铜绿假单胞菌检验方法

饮用天然矿泉水中铜绿假单胞菌的检验依照GB 8538—2022《食品安全国家标准　饮用天然矿泉水检验方法》进行。

（一）实训准备

1.仪器和材料　除微生物实验室常规灭菌及培养设备外，其他设备和材料如下：无菌滤器、无菌亲水性微孔滤膜（直径47mm，微孔径为0.45μm）、过滤设备、无菌无齿镊子、无菌吸管（1mL，具0.01mL刻度；10mL，具0.1mL刻度）或移液器及吸头、恒温培养箱［（36±1）℃，（42±1）℃］、冰箱（2~5℃）、紫外灯［波长（360±20）nm］、无菌平皿（直径90mm）、pH计或pH比色管或精密pH试纸。

2.培养基和试剂　无菌生理盐水、无菌磷酸盐缓冲液、CN琼脂、营养琼脂、绿脓菌素测定用培养基、1mol/L盐酸、三氯甲烷（分析纯）、乙酰胺液体培养基、钠氏试剂、氧化酶试剂、金氏B培养基。

（二）检验程序

铜绿假单胞菌检验程序如图3-5所示。

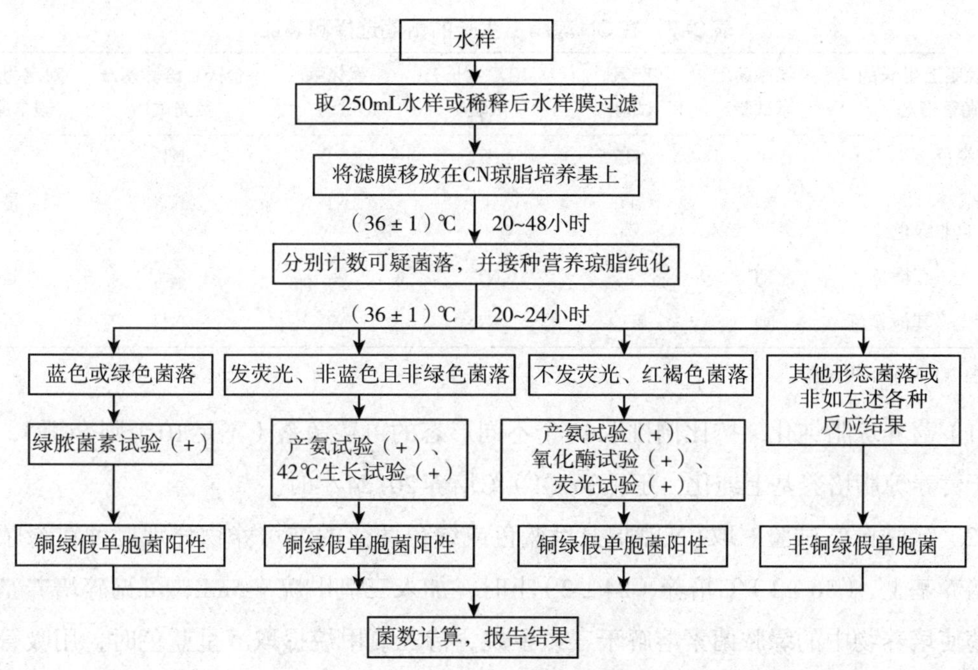

图3-5　铜绿假单胞菌检验程序

（三）操作步骤

1.水样过滤 用无菌镊子夹取无菌滤膜边缘部分，贴放在已灭菌的滤头上，固定好滤器，将250mL水样或稀释后的水样（用无菌生理盐水或无菌磷酸盐缓冲液稀释）通过孔径0.45μm的滤膜过滤。

2.培养 将过滤后的滤膜贴在已制备好的CN琼脂平板上，滤膜截留细菌面向上，平铺并避免在滤膜和培养基之间夹留着气泡。将平板倒置，（36±1）℃培养20~48小时，并防止干燥。

3.结果观察与计数 在培养20~24小时和40~48小时后观察滤膜上菌落的生长情况并计数可疑菌落。在培养40~48小时导致菌落过分生长而出现菌落融合，造成无法计数时，应参考培养20~24小时的菌落计数结果。

铜绿假单胞菌典型菌落在CN琼脂上具有以下特征之一：①蓝色或绿色的菌落；②紫外灯照射下发荧光、非蓝色且非绿色菌落；③紫外灯照射下不发荧光、红褐色菌落。

注：应避免滤膜上菌落长时间在紫外灯下照射，否则可能将菌杀灭，导致无法进行确证试验。

4.确证试验 在CN琼脂上生长的菌落选择和确证步骤见表3-7。

表3-7 在CN琼脂上生长的菌落选择和确证

CN琼脂上生长的菌落形态	绿脓菌素试验	产氨试验	42℃生长试验	氧化酶试验	金氏B培养基产荧光试验	判定为铜绿假单胞菌
蓝色或绿色	+	NT[a]	NT	NT	NT	是
发荧光、非蓝色且非绿色	NT	+	+	NT	NT	是
不发荧光、红褐色	NT	+	NT	+	+	是
不发荧光、其他颜色	NT	NT	NT	NT	NT	否

注：NT表示不用试验。

（1）营养琼脂纯化 按比例挑取10个不同形态的可疑菌落（不足10个则全挑），划线接种于营养琼脂培养基上纯化，于（36±1）℃培养20~24小时。

（2）绿脓菌素试验 取CN琼脂上呈蓝色或绿色菌落的纯培养物分别接种在绿脓菌素测定培养基上，（36±1）℃培养（24±2）小时，加入三氯甲烷3~5mL，可捣碎培养基并充分振荡使培养物中的绿脓菌素溶解于三氯甲烷，待三氯甲烷提取液呈蓝色时，用吸管将三氯甲烷移到另一试管中，并加入1mol/L的盐酸1mL，振荡后，静置片刻。如上层盐酸液内出现粉红色到紫红色时为阳性，表示被检物中有绿脓菌素存在。

（3）产氨试验　将在CN琼脂上发荧光、非蓝色且非绿色菌落，或不发荧光、红褐色菌落纯培养物接种到乙酰胺液体培养基中，在（36±1）℃下培养20~24小时。然后向每支试管培养物加入1~2滴钠氏试剂，10秒内检查各试管的颜色变化，如表现出从黄色到砖红色的颜色变化，则为阳性结果，否则为阴性。

（4）42℃生长试验　将在CN琼脂上发荧光、非蓝色且非绿色菌落的纯培养物接种于营养琼脂平板上，（42±1）℃下培养24~48小时，能生长的为阳性结果，否则为阴性。

（5）氧化酶试验　取2~3滴新鲜配制的氧化酶试剂滴到放于平皿里的洁净滤纸上，用铂/铱、玻璃或其他适宜材质的接种环（棒），将适量的在CN琼脂上不发荧光、红褐色菌落的纯培养物涂布在预备好的滤纸上。在10秒内显深蓝紫色的视为阳性反应。也可以按照商品化氧化酶测试产品的说明书进行该项测试。

（6）金氏B（King's B）培养基产荧光试验　将在CN琼脂上不发荧光、红褐色的且氧化酶反应呈阳性的培养物接种于金氏B培养基上，于（36±1）℃恒温箱培养1~5天。每天需取出在紫外灯下检查其是否产生荧光性，将5天内产生荧光的菌落记录为阳性。

5.结果与报告　铜绿假单胞菌菌落数按公式（3-3）计算，报告每250mL水样中的铜绿假单胞菌数，以CFU/250mL表示；当d值为1，且N值为0时，可报告250mL水样中未检出铜绿假单胞菌。

$$N=\frac{Pc_p}{n_p d}+\frac{Fc_F}{n_F d}+\frac{Rc_R}{n_R d} \tag{3-3}$$

式中，N为每250mL水样中铜绿假单胞菌的菌落数；P为蓝色和绿色的菌落数；c_P为绿脓菌素试验阳性的菌落数；n_P为进行绿脓菌素试验的蓝色和绿色菌落数；F为发荧光、非蓝色且非绿色的菌落数；c_F为产氨阳性和42℃生长的菌落数；n_F为进行产氨和42℃生长试验的发荧光、非蓝色且非绿色的菌落数；R为不发光、红褐色的菌落数；c_R为产氨、氧化酶、金氏B培养基上产荧光试验均呈阳性的菌落数；n_R为进行产氨、氧化酶、金氏B培养基上产荧光试验的不发荧光、红褐色菌落数；d为稀释因子。

6.质量控制　实验室应根据需要设置阳性对照、阴性对照和空白对照，定期对检验过程进行质量控制。宜选用铜绿假单胞菌标准菌株［CMCC（B）10282或等效标准菌株］作为阳性对照菌株，恶臭假单胞菌（*Pseudomonas putida*）标准菌株［CMCC（B）10283或等效标准菌株］作为阴性对照菌株。

任务五　商业无菌检验

一、商业无菌的概念

商业无菌是指食品经适度的热杀菌以后，不含有致病的微生物，也不含有在通常温度下能在其中繁殖的非致病性微生物。在通常的商品流通及贮藏过程中，这些残留微生物或芽孢不能生长繁殖，不会引起食品腐败变质或因致病菌的毒素产生而影响人体健康。

商业无菌是罐头工艺的微生物检验指标，食用微生物不合格的食品会给人体健康带来影响。商业无菌不合格的主要原因是生产过程中卫生不达标造成产品污染（食品或包装污染）或灭菌的温度和时间未达到生产工艺。根据罐藏食品的pH，可将其分为低酸性食品和酸性食品两类。

1.低酸性罐藏食品　除酒精饮料以外，凡杀菌后平衡pH大于4.6，水分活度大于0.85的罐藏食品。原来是低酸性的水果、蔬菜或蔬菜制品，为加热杀菌的需要而加酸降低pH的，属于酸化的低酸性罐藏食品。

2.酸性罐藏食品　杀菌后平衡pH等于或小于4.6的罐藏食品。pH小于4.7的番茄、梨和菠萝以及由其制成的汁，以及pH小于4.9的无花果均属于酸性罐藏食品。

二、商业无菌检验方法

商业无菌的检验依照GB 4789.26—2013《食品安全国家标准　食品微生物学检验　商业无菌检验》进行。

（一）实训准备

1.设备和材料　除微生物实验室常规灭菌及培养设备外，其他设备和材料如下：恒温培养箱[（30±1）℃、（36±1）℃、（55±1）℃]、恒温水浴箱[（55±1）℃]、冰箱（2~5℃）、均质器及无菌均质袋、均质杯或乳钵、电位pH计（精确度pH 0.05单位）、显微镜（10×~100×）、开罐器和罐头打孔器、电子秤或台式天平、超净工作台或百级洁净实验室。

2.培养基和试剂　无菌生理盐水、结晶紫染色液、二甲苯、含4%碘的乙醇溶液（4g碘溶于100mL的70%乙醇溶液）。

（二）检验程序

商业无菌检验程序如图3–6所示。

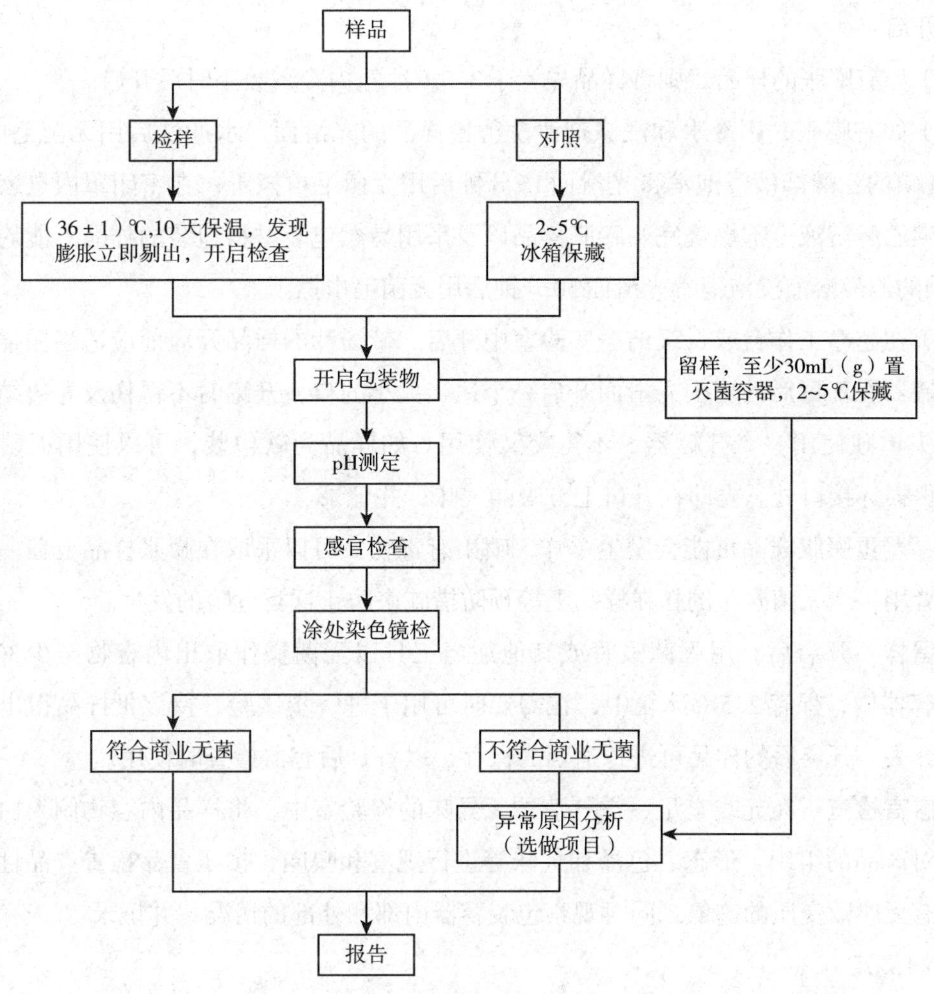

图3–6　商业无菌检验程序

（三）操作步骤

1.样品准备　去除表面标签，在包装容器表面用防水的油性记号笔做好标记，并记录容器、编号、产品性状、泄漏情况、是否有小孔或锈蚀、压痕、膨胀及其他异常情况。

2.称重　1kg及以下的包装物精确到1g，1kg以上的包装物精确到2g，10kg以上的包装物精确到10g，并记录。

3.保温

（1）每个批次取1个样品置2~5℃冰箱保存作为对照，将其余样品在（36±1）℃下保温10天。保温过程中应每天检查，如有膨胀或泄漏现象，应立即剔出，开启检查。

（2）保温结束时，再次称重并记录，比较保温前后样品重量有无变化。如有变轻，表明样品发生泄漏。将所有包装物置于室温直至开启检查。

4. 开启

（1）如有膨胀的样品，则将样品先置于2~5℃冰箱内冷藏数小时后开启。

（2）如有膨胀，用冷水和洗涤剂清洗待检样品的光滑面。水冲洗后用无菌毛巾擦干。以含4%碘的乙醇溶液浸泡消毒光滑面15分钟后用无菌毛巾擦干，在密闭罩内点燃至表面残余的碘乙醇溶液全部燃烧完。膨胀样品以及采用易燃包装材料包装的样品不能灼烧，以含4%碘的乙醇溶液浸泡消毒光滑面30分钟后用无菌毛巾擦干。

（3）在超净工作台或百级洁净实验室中开启。带汤汁的样品开启前应适当振摇。使用无菌开罐器在消毒后的罐头光滑面开启一个适当大小的口，开罐时不得伤及卷边结构，每一个罐头单独使用一个开罐器，不得交叉使用。如样品为软包装，可以使用灭菌剪刀开启，不得损坏接口处。立即在开口上方嗅闻气味，并记录。

注：严重膨胀样品可能会发生爆炸，喷出有毒物。可以采取在膨胀样品上盖一条灭菌毛巾或者用一个无菌漏斗倒扣在样品上等预防措施来防止这类危险的发生。

5. 留样　开启后，用灭菌吸管或其他适当工具以无菌操作取出内容物至少30mL（g）至灭菌容器内，保存2~5℃冰箱中，在需要时可用于进一步试验，待该批样品得出检验结论后可弃去。开启后的样品可进行适当的保存，以备日后容器检查时使用。

6. 感官检查　在光线充足、空气清洁无异味的检验室中，将样品内容物倾入白色搪瓷盘内，对产品的组织、形态、色泽和气味等进行观察和嗅闻，按压食品检查产品性状，鉴别食品有无腐败变质的迹象，同时观察包装容器内部和外部的情况，并记录。

7.pH测定

（1）样品处理　液态制品混匀备用，有固相和液相的制品则取混匀的液相部分备用。对于稠厚或半稠厚制品以及难以从中分出汁液的制品（如糖浆、果酱、果冻、油脂等），取一部分样品在均质器或研钵中研磨，如果研磨后的样品仍太稠厚，加入等量的无菌蒸馏水，混匀备用。

（2）测定　将电极插入被测试样液中，并将pH计的温度校正器调节到被测液的温度。如果仪器没有温度校正系统，被测试样液的温度应调到（20±2）℃的范围之内，采用适合于所用pH计的步骤进行测定。当读数稳定后，从仪器的标度上直接读出pH，精确到0.05 pH单位。

同一个制备试样至少进行两次测定。两次测定结果之差应不超过0.1 pH单位。取两次测定的算术平均值作为结果，报告精确到0.05 pH单位。

（3）分析结果　与同批中冷藏保存对照样品相比，比较是否有显著差异。pH相差0.5及以上判为显著差异。

8.涂片染色镜检

（1）涂片　取样品内容物进行涂片。带汤汁的样品可用接种环挑取汤汁涂于载玻片上，固态食品可直接涂片或用少量灭菌生理盐水稀释后涂片，待干后用火焰固定。油脂性食品涂片自然干燥并火焰固定后，用二甲苯流洗，自然干燥。

（2）染色镜检　对涂片用结晶紫染色液进行单染色，干燥后镜检，至少观察5个视野，记录菌体的形态特征以及每个视野的菌数。与同批冷藏保存对照样品相比，判断是否有明显的微生物增殖现象。菌数有百倍或百倍以上的增长则判为明显增殖。

9.结果判定

（1）样品经保温试验未出现泄漏；保温后开启，经感官检验、pH测定、涂片镜检，确证无微生物增殖现象，则可报告该样品为商业无菌。

（2）样品经保温试验出现泄漏；保温后开启，经感官检验、pH测定、涂片镜检，确证有微生物增殖现象，则可报告该样品为非商业无菌。

附录A

培养基和试剂

A.1　无菌生理盐水

A.1.1　成分

氯化钠	8.5g
蒸馏水	1000.0mL

A.1.2　制法

称取8.5g氯化钠溶于1000mL蒸馏水中，12℃高压灭菌15分钟。

A.2　结晶紫染色液

A.2.1　成分

结晶紫	1.0g
95%乙醇	20.0mL
1%草酸铵溶液	80.0mL

A.2.2　制法

将1.0g结晶紫完全溶解于95%乙醇中，再与1%草酸铵溶液混合。

A.2.3　染色法

将涂片在酒精灯火焰上固定，滴加结晶紫染液，染1分钟，水洗。

参考文献

[1]周德庆.微生物学教程[M].4版.北京：高等教育出版社，2020.

[2]罗红霞，王建.食品微生物检验技术[M].北京：中国轻工业出版社，2021.

[3]唐劲松，徐安书.食品微生物检测技术[M].北京：中国轻工业出版社，2017.

[4]姚勇芳.食品微生物检验技术[M].北京：科学出版社，2010.

[5]叶磊，谢辉.微生物检测技术[M].北京：化工出版社，2016.

[6]何国庆，贾英民，丁立孝.食品微生物学[M].北京：中国农业大学出版社，2009.

[7]临床微生物学检验[M].5版.北京：人民卫生出版社，2012.

[8]全国临床检验操作规程[M].4版.北京：人民卫生出版社，2015.